STARK

ABITUR

Prüfungsaufgaben mit Lösungen **2005**

Mathematik

Grundkurs
Gymnasium
Sachsen
1997–2004

STARK

Die Jahrgänge ab 1998 wurden nach den Regeln der neuen Rechtschreibung abgefasst.

ISBN: 3-89449-264-3

D-85318 Freising · Postfach 1852 · Tel. (0 81 61) 1790
9. ergänzte Auflage 2004

Inhalt

Fortsetzung nächste Seite

Nachtermin 2000

Abiturprüfung 2001

Nachtermin 2001

Abiturprüfung 2002

Nachtermin 2002

Abiturprüfung 2003

Nachtermin 2003

Abiturprüfung 2004

Lösungen der Aufgaben:

Marion Genth, Schönborn

Hinweise

Liebe Abiturientinnen, liebe Abiturienten,

in diesem Band finden Sie die Aufgaben zur zentralen Abiturprüfung und zur zentralen Abiturnachprüfung (Nachtermin) für den Grundkurs Mathematik in Sachsen.

Das vorliegende Aufgabenmaterial soll Ihnen einerseits zur intensiven **Vorbereitung** auf die **Abiturprüfung** dienen, andererseits aber auch eine **Hilfe** bei der **Festigung** von **Unterrichtsinhalten** oder bei der **Vorbereitung** von **Klausuren** sein. Dazu können Sie sich anhand des Stichwortverzeichnisses einzelne Teile von Aufgaben wählen. Um Ihnen für Ihre selbstständige Arbeit viele Möglichkeiten der Selbstkontrolle zu bieten, sind die Lösungswege ausführlich dargestellt.

Für Aufgabenstellungen, welche ab dem Schuljahr 1999/2000 unter Nutzung des grafikfähigen Taschenrechners (GTR) zu lösen sind und bei denen nur eine **Angabe** der Lösungen **ohne** Darstellung der Lösungswege verlangt ist, sind die Lösungswege meist ergänzt. Somit sind die Aufgaben auch von Schülern zu bewältigen, die das Hilfsmittel GTR nicht besitzen.

Die Arbeitszeit für die Schüler/innen im Grundkurs beträgt 240 Minuten.

Von den Prüfungsteilnehmer/innen sind zu bearbeiten:
- im Teil A eine Pflichtaufgabe zu grundlegenden Problemen der Analysis,
- im Teil B eine Pflichtaufgabe zu grundlegenden Problemen der Geometrie/Algebra,
- im Teil C eine Pflichtaufgabe zur Stochastik,
- im Teil D eine von zwei Wahlaufgaben folgender Art:
  - Aufgabe D 1 zu Problemen der Analysis mit erhöhtem Schwierigkeitsgrad;
  - Aufgabe D 2 zu Problemen der Geometrie /Algebra mit erhöhtem Schwierigkeitsgrad.

Die Prüfungsinhalte richten sich nach den einheitlichen Prüfungsanforderungen aller Länder (EPA) und dem Lehrplan für das allgemeinbildende Gymnasium in Sachsen im Fach Mathematik-Grundkurs, wobei auf dem Gebiet der Stochastik noch einige Einschränkungen gelten.

Ab dem Schuljahr 1998/99 sind folgende Hilfsmittel für alle Prüfungsteilnehmer/innen erlaubt:
- 1 grafikfähiger, programmierbarer Taschenrechner (ohne Computer-Algebra-System),
- 1 Tabellen- und Formelsammlung (ohne ausführliche Musterbeispiele),
- Zeichengeräte,
- 1 Duden (deutsche Rechtschreibung).

Zuvor war nur ein nicht programmierbarer Taschenrechner ohne Grafikdisplay gestattet.

Die Bewertung der Prüfungsarbeit erfolgt durch Bewertungseinheiten (BE).

Ab dem Schuljahr 1997/98 gilt der folgende verbindliche Bewertungsmaßstab:
- Teil A: erreichbar 25 BE,
- Teil B: erreichbar 15 BE,
- Teil C: erreichbar 10 BE,
- Teil D: erreichbar 10 BE.

Insgesamt erfolgt die Anwendung der 60-BE-Skala zur Ermittlung des Prüfungsergebnisses:

BE	Punkte	Noten
60 ... 58	15	1+
57 ... 55	14	1
54 ... 52	13	1–
51 ... 49	12	2+
48 ... 46	11	2
45 ... 43	10	2–
42 ... 40	9	3+
39 ... 37	8	3
36 ... 34	7	3–
33 ... 31	6	4+
30 ... 28	5	4
27 ... 25	4	4–
24 ... 21	3	5+
20 ... 17	2	5
16 ... 13	1	5–
12 ... 0	0	6

Durch die Arbeit mit diesem Übungsmaterial werden Sie Ihre Kenntnisse und Fertigkeiten beim Lösen der einzelnen Aufgaben vervollkommnen. Achten Sie dabei auf eine rationelle Zeiteinteilung und schätzen Sie auch Ihre Leistungen an Hand der Bewertungstabelle ein.

Für Ihre Arbeit wünsche ich Ihnen viel Erfolg!

Marion Genth

Stichwortverzeichnis

Das Verzeichnis gliedert sich in drei Themenbereiche Analysis, Geometrie/Algebra und Stochastik.
Folgende Abkürzungen wurden zur Kennzeichnung der einzelnen Aufgaben gewählt:

97...	*Abiturprüfung 1997*	*P...*	*Pflichtaufgabe*
N 00...	*Abiturprüfung 2000 (Nachtermin)*	*W...*	*Wahlaufgabe*

Analysis

Nullstelle	97/P a; W a; 98/P a; W a; 99/P a, b; W a; 00/P a; W a; N 00/P a; 01/P a; N 01/P a; 02/P a; N 02/P a; 03/P a; N 03/P a; 04/P a; W a
Parameter	97/W c; N 03/W b; 04/P e
Polstelle	98/P a; 04/P a
Schnittpunkte	
– mit den Koordinatenachsen	97/P a, c; 98/P c; W c; 99/P b; 00/P e; N 00/P a; 01/P a
– von Funktionen	99/P c; 00/P b; N 00/W b; 02/W a; N 02/P e; W b; 03/W b; 04/P c, e; W b
Schnittwinkel	00/P a; N 02/W b
Spiegelpunkt	03/P e
Stammfunktion	N 01/P c; N 03/P c
Symmetrie	98/P a; 99/W a; 00/P a; N 00/W a; 02/P a; 03/W a; 04/P a
Tangente	97/P c; 98/P c, W c; 99/P a; W b; 00/P b; N 00/P d; W b; 01/P c; N 01/P b; W b; N 02/P b; 03/W b; N 03/P d; 04/P c
Verhalten im Unendlichen	N 00/P a; 02/P a
Wendepunkt	98/P a; 99/P a; 00/P a; N 00/P a; W a; 01/P a; N 01/P a; N 02/P a; 03/P a; N 03/P a
Wertebereich	04/P b
Zahlenfolge	00/W c

Geometrie /Algebra

Abstand	
– Punkt/Gerade	N 01/W c; N 02/P d
– Punkt/Punkt	97/W b; 99/P c; W c; 01/P a, b; W a; N 01/P b; 04/P a; W a, c
Betrag eines Vektors	siehe Abstand Punkt/Punkt
Darstellung	
– im Raum	N 03/P a; 04/P a
– in der Ebene	01/W b
Drachenviereck	N 00/P c; 01/P c; 02/W a; 04 W c
Dreieck	
– gleichschenkliges	98/W b; 01/P a, b; 03/P a; N 03/W a; 04/P a
– rechtwinkliges	97/P c, d; N 00/P b, d; 01/P a, b; W a; N 02/W a, b; 03/P a; 04/W b
– stumpfwinkliges	04/P a
Durchstoßpunkt	siehe Schnittpunkt Ebene/Gerade; 98/P b; W c
Ebenengleichung	
– Normalform	99/P b; 00/P a; N 01/P d; W b; N 02/W a; 03/P b
– Parameterform	98/W a; 99/P b; 00/P a; N 01/P d; 02/P b; N 03/P b; W c; 04/P c
Flächeninhalt	97/P c, d; 99/P c; 00/P c; W c; N 00/P b; 01/P a; N 01/P b; N 02/P b; W a; N 03/P d; 04/P b

Sehnenviereck	N 00/W b
Skalarprodukt	98/W b, c; 99/P a; N 00/P d; 01/P a, b; W a; N 01/P b; N 02/W b; N 03/P a; 04/P d
Tangente	97/P e; N 00/P b; 02/P d
Trapez	99/P a, c; 00/P b; W c; N 00/W a, b; N 03/P d
Umkreis	N 00/W b; 01/P a
Volumen	97/P c; 98/P c; 00/P c; N 00/W c; 01/P d; W a; 02/P c; W c; N 02/P c, d; N 03/W c
Winkel zwischen Vektoren	98/P c; 99/P a; 02/P a; N 02/P b; N 03/P b; W b; 04/P a

Stochastik

Additionssatz	97/P a, b; 98/P a; N 00/P a, c; 01/P a
Anzahl der Versuchsdurchführungen	97/P c; 98/P c; 99/P c; 02/P b; N 02/P b; N 03/P d
Baumdiagramm	97/P a
Binomialverteilung	98/P c; 99/P b, c; 00/P b; 01/P c, d, e; N 01/P b, c; 02/P b; 03/P c, d, e; N 03/P b, c; 04/P b, c, d
Erwartungswert	97/P b; 98/P b; 99/P c, d; 00/P b; N 00/P b; 01/P c; N 01/P d, e; 02/P c; N 02/P a; 03/P b; N 03/P c; 04/P c, d
Faires Spiel	98/P b; N 00/P b ; 04/P d
Interwallwahrscheinlichkeit	N 03/P c
Kombinatorik	99/P a; 00/P c; 04/P a
Multiplikationssatz (Produktregel)	97/P a, b; 98/P a; 99/P e; 00/P a; N 00/P a, c; 01/P a, b; N 02/P c, d; 03/P a
Themenbereich	
– Glücksspiel	97/P a; 00/P c; N 00/P; N 01/P d; 02/P a; N 03/P; 04/P
– Urnenexperiment	00/P a; 01/P; N 01/P a
Wahrscheinlichkeitsverteilung	97/P b; 98/P b; 99/P d; 00/P b; N 00/P c; N 01/P d, e; 02/P c; 03/P b; 04/P c, d

Abitur-Prüfungsaufgaben

Grundkurs Mathematik (Sachsen): Abiturprüfung 1997
Pflichtaufgabe A – Analysis

Gegeben ist die Funktion f durch $y = f(x) = e^{-x}(x^2 - x - 2)$ $(x \in D_f)$.

a) Geben Sie den größtmöglichen Definitionsbereich der Funktion f an und führen Sie für die Funktion f eine Kurvendiskussion durch (Nullstellen, Koordinaten des Schnittpunktes des Graphen mit der y-Achse, Koordinaten der lokalen Extrempunkte, Art der Extrema).
Zeichnen Sie den Graph der Funktion f im Intervall $-1{,}5 \leq x \leq 4$. (9 BE)

b) Die Funktion F mit $y = F(x) = e^{-x}(-x^2 - x + 1)$ $(x \in R)$ ist eine Stammfunktion der Funktion f. Die x-Achse und der Graph der Funktion f begrenzen eine Fläche vollständig.
Berechnen Sie den Inhalt dieser Fläche. (2 BE)

c) Die Gerade t ist Tangente an den Graph der Funktion f im Punkt B(0; f(0)).
Die Gerade s ist die zur Geraden t senkrechte Gerade im Punkt B.
Ermitteln Sie jeweils eine Gleichung der Geraden s und t.

Die Gerade s schneidet die x-Achse im Punkt S, die Gerade t schneidet die x-Achse im Punkt T.
Ermitteln Sie die Koordinaten der Punkte S und T und berechnen Sie den Flächeninhalt des Dreiecks BST. (5 BE)

d) Ermitteln Sie eine Gleichung der Funktion g mit $y = g(x) = ax^2 + bx + c$ $(a, b, c \in R;\ x \in R)$, die die gleichen Nullstellen wie die Funktion f besitzt und deren Graph durch den Punkt Q(0; 4) verläuft.
Berechnen Sie den Inhalt der Fläche, die vom Graph der Funktion g und der x-Achse vollständig begrenzt wird. (4 BE)

(20 BE)

Lösungen

a) Definitionsbereich: $x \in R$

Nullstellen:

$$f(x_N) = 0$$
$$0 = \underbrace{e^{-x_N}}_{\neq 0}(x_N^2 - x_N - 2)$$
$$0 = x_N^2 - x_N - 2$$
$$x_{N_{1;2}} = \frac{1}{2} \pm \sqrt{\frac{1}{4} + \frac{8}{4}}$$
$$x_{N_{1;2}} = \frac{1}{2} \pm \frac{3}{2}$$
$$\underline{\underline{x_{N_1} = \frac{1}{2} + \frac{3}{2} = 2}} \qquad \underline{\underline{x_{N_2} = \frac{1}{2} - \frac{3}{2} = -1}}$$

S_y ... Schnittpunkt mit y-Achse: $f(0) = -2$

$$\underline{\underline{S_y(0; -2)}}$$

Extrempunkte:

$$f'(x) = -e^{-x}(x^2 - x - 2) + e^{-x}(2x - 1)$$
$$f'(x) = e^{-x}(-x^2 + 3x + 1)$$
$$f''(x) = -e^{-x}(-x^2 + 3x + 1) + e^{-x}(-2x + 3)$$
$$f''(x) = e^{-x}(x^2 - 5x + 2)$$

$$f'(x_E) = 0$$
$$0 = \underbrace{e^{-x_E}}_{\neq 0}(-x_E^2 + 3x_E + 1)$$
$$0 = -x_E^2 + 3x_E + 1$$
$$0 = x_E^2 - 3x_E - 1$$
$$x_{E_{1;2}} = \frac{3}{2} \pm \sqrt{\frac{9}{4} + 1}$$
$$x_{E_{1;2}} = \frac{3}{2} \pm \sqrt{\frac{13}{4}}$$
$$\underline{x_{E_1} = \frac{3}{2} + \sqrt{\frac{13}{4}} \approx 3{,}3} \qquad \underline{y_{E_1} = f(x_{E_1}) \approx 0{,}21} \qquad \underline{\underline{E_1(3{,}3; 0{,}21)}}$$
$$\underline{x_{E_2} = \frac{3}{2} - \sqrt{\frac{13}{4}} \approx -0{,}3} \qquad \underline{y_{E_2} = f(x_{E_2}) \approx -2{,}2} \qquad \underline{\underline{E_2(-0{,}3; -2{,}2)}}$$

$f''(3{,}3) < 0 \quad \Rightarrow$ lokales Maximum

$f''(-0{,}3) > 0 \quad \Rightarrow$ lokales Minimum

Graph:

$f(-1{,}5) \approx 7{,}8$

$f(4) \approx 0{,}18$

Graph:

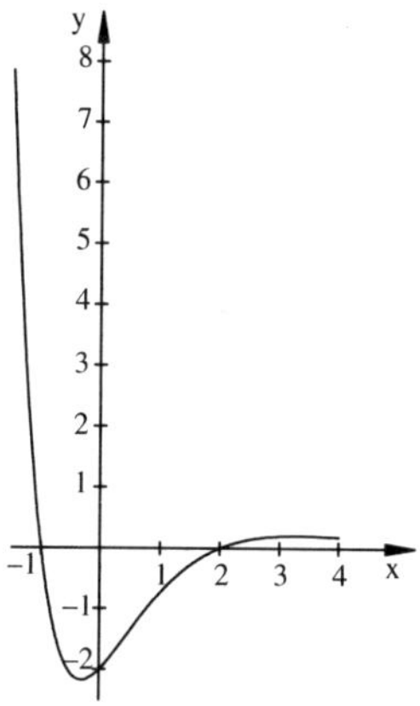

b) $A = \left| \int_{-1}^{2} f(x)dx \right|$

$A = \left| \int_{-1}^{2} e^{-x}(x^2 - x - 2)dx \right|$

$A = \left[e^{-x}(-x^2 - x + 1) \right]_{-1}^{2}$

$A = \left| e^{-2}(-5) - e(1) \right|$

$A = e + \frac{5}{e^2}$

$\underline{\underline{A \approx 3{,}4}}$

Der Flächeninhalt beträgt 3,4 FE.

c) Gleichung der Geraden t im Punkt B an den Graph der Funktion f:

$B(0; -2) \qquad m_t = f'(0) = 1$

$B \in t \Rightarrow \qquad y_B = m_t \cdot x_B + n$

$-2 = 1 \cdot 0 + n$

$n = -2 \qquad \underline{\underline{t:\ y = x - 2}}$

Gleichung der Geraden s:

$s \perp t \Rightarrow \qquad m_s = -\frac{1}{m_t} = -1$

$B \in s \Rightarrow \qquad y_B = m_s \cdot x_B + n$

$-2 = -1 \cdot 0 + n$

$n = -2 \qquad \underline{\underline{s:\ y = -x - 2}}$

Koordinaten von S: $0 = -x_S - 2$

$\underline{x_S = -2}$ $\underline{\underline{S(-2;0)}}$

Koordinaten von T: $0 = x_T - 2$

$\underline{x_T = 2}$ $\underline{\underline{T(2;0)}}$

Flächeninhalt des Dreiecks BST:

$$A = \frac{1}{2}(x_T - x_S)\cdot|y_B|$$

$$A = \frac{1}{2}(2+2)\cdot 2$$

$$\underline{\underline{A = 4}}$$

Der Flächeninhalt des Dreiecks BST beträgt 4 FE.

d) $y = g(x) = ax^2 + bx + c$

$$\begin{array}{lllrcrcrcl} x_{N_1} & = -1 & \Rightarrow g(-1) = & a & - & b & + & c & = & 0 \\ x_{N_2} & = 2 & \Rightarrow g(2) = & 4a & + & 2b & + & c & = & 0 \\ Q & \in g & \Rightarrow g(0) = & & & & & c & = & 4 \end{array}$$

$$\begin{array}{rrcrcrcl} \text{(I)} & a & - & b & + & c & = & 0 \\ \text{(II)} & 4a & + & 2b & + & c & = & 0 \\ \text{(III)} & & & & & c & = & 4 \end{array}$$

$$\begin{array}{rrcrcrcll} \text{(III) in (I)} & a & - & b & + & 4 & = & 0 & \cdot 2 \downarrow \\ \text{(III) in (II)} & 4a & + & 2b & + & 4 & = & 0 & + \\ \hline & 6a & & & + & 12 & = & 0 & \end{array}$$

$\underline{a = -2}$ in (I) $-2 - b + 4 = 0$

$\underline{b = 2}$

Funktionsgleichung: $\underline{\underline{y = g(x) = -2x^2 + 2x + 4}}$

Flächeninhalt:

$$A = \left|\int_{-1}^{2} g(x)dx\right|$$

$$A = \left|\int_{-1}^{2} (-2x^2 + 2x + 4)dx\right|$$

$$A = \left|\left[-\frac{2}{3}x^3 + x^2 + 4x\right]_{-1}^{2}\right|$$

$$\underline{\underline{A = 9}}$$

Der Flächeninhalt beträgt 9 FE.

Grundkurs Mathematik (Sachsen): Abiturprüfung 1997
Pflichtaufgabe B – Geometrie / Algebra

In einem kartesischen Koordinatensystem ist ein Prisma ABCDEF durch die Koordinaten der Eckpunkte A(4; 0; 0), B(10; 8; 0), C(6; 11; 0), D(0; 3; 0) und E(4; 0; 5) gegeben (s. Skizze).

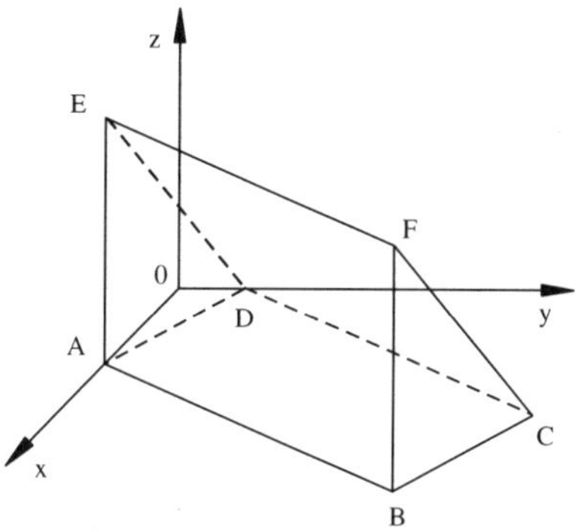

(Skizze nicht maßstäblich)

a) Zeigen Sie, dass das Viereck ABCD ein Rechteck ist. (3 BE)

b) Ermitteln Sie die Koordinaten des Punktes F. (1 BE)

c) Zeigen Sie, dass das Prisma ABCDEF ein gerades Prisma ist und berechnen Sie dessen Volumen. (5 BE)

d) Die Diagonalenschnittpunkte der viereckigen Seitenflächen des Prismas sind die Punkte P, Q und R.
Ermitteln Sie die Koordinaten dieser Punkte.
Berechnen Sie das Verhältnis des Flächeninhaltes des Dreiecks PQR zum Flächeninhalt des Dreiecks ADE. (5 BE)

e) In der x-y-Koordinatenebene existiert ein Kreis k, auf dem die Punkte A, B, C, und D liegen.
Ermitteln Sie eine Gleichung des Kreises k.

An den Kreis k existieren Tangenten, die parallel zur Sehne $\overline{AB}$ verlaufen.
Berechnen Sie die Koordinaten der Berührungspunkte dieser Tangenten mit dem Kreis k. (6 BE)

(20 BE)

Lösungen

a)
$$\left.\begin{array}{l}\overrightarrow{AB} = \begin{pmatrix}6\\8\\0\end{pmatrix}\\ \overrightarrow{DC} = \begin{pmatrix}6\\8\\0\end{pmatrix}\end{array}\right\} \overrightarrow{AB} = \overrightarrow{DC}$$

$$\left.\begin{array}{l}\overrightarrow{BC} = \begin{pmatrix}-4\\3\\0\end{pmatrix}\\ \overrightarrow{AD} = \begin{pmatrix}-4\\3\\0\end{pmatrix}\end{array}\right\} \overrightarrow{BC} = \overrightarrow{AD}$$

$\Rightarrow$ Das Viereck ABCD ist ein Parallelogramm. (I)

$\overrightarrow{AB} \circ \overrightarrow{BC} = -24 + 24 + 0 = 0 \Rightarrow \overrightarrow{AB} \perp \overrightarrow{BC} \Rightarrow$ Benachbarte Seiten sind orthogonal zueinander.

Aus (I) und (II) folgt, dass das Viereck ABCD ein Rechteck ist.

b) $\overrightarrow{OF} = \overrightarrow{OB} + \overrightarrow{AE} = \begin{pmatrix}10\\8\\0\end{pmatrix} + \begin{pmatrix}0\\0\\5\end{pmatrix} = \begin{pmatrix}10\\8\\5\end{pmatrix} \Rightarrow \underline{\underline{F(10; 8; 5)}}$

c) Das Prisma ABCDEF ist ein gerades Prisma, da die Grundflächen (ΔADE und ΔBCF) senkrecht zu den Seitenflächen liegen. Der Punkt F liegt senkrecht über B, der Punkt E liegt senkrecht über A, also stehen beide Grundflächen senkrecht zur x-y-Ebene, in welcher sich die Seitenfläche ABCD befindet.

Volumen des Prismas:

$$V = A_G \cdot h$$

$$V = \underbrace{\frac{1}{2} \cdot \left|\overrightarrow{BC}\right| \left|\overrightarrow{BF}\right|}_{A_G} \cdot \left|\overrightarrow{AB}\right|$$

mit $\overrightarrow{BC} = \begin{pmatrix}-4\\3\\0\end{pmatrix}$, $\overrightarrow{BF} = \begin{pmatrix}0\\0\\5\end{pmatrix}$, $\overrightarrow{AB} = \begin{pmatrix}6\\8\\0\end{pmatrix}$ gilt:

$$V = \frac{1}{2}\sqrt{(-4)^2 + 3^2} \cdot 5 \cdot \sqrt{6^2 + 8^2}$$

$$\underline{\underline{V = 125}}$$

Das Prisma hat ein Volumen von 125 VE.

d) P ... Diagonalenschnittpunkt der Seite ABFE:

$$\overrightarrow{OP} = \overrightarrow{OA} + \frac{1}{2}\,\overrightarrow{AB} + \frac{1}{2}\,\overrightarrow{BF} = \begin{pmatrix} 4 \\ 0 \\ 0 \end{pmatrix} + \begin{pmatrix} 3 \\ 4 \\ 0 \end{pmatrix} + \begin{pmatrix} 0 \\ 0 \\ 2{,}5 \end{pmatrix} = \begin{pmatrix} 7 \\ 4 \\ 2{,}5 \end{pmatrix} \Rightarrow P\left(7; 4; \frac{5}{2}\right)$$

Q ... Diagonalenschnittpunkt der Seite ABCD:

$$\overrightarrow{OQ} = \overrightarrow{OA} + \frac{1}{2}\,\overrightarrow{AB} + \frac{1}{2}\,\overrightarrow{BC} = \begin{pmatrix} 4 \\ 0 \\ 0 \end{pmatrix} + \begin{pmatrix} 3 \\ 4 \\ 0 \end{pmatrix} + \begin{pmatrix} -2 \\ 1{,}5 \\ 0 \end{pmatrix} = \begin{pmatrix} 5 \\ 5{,}5 \\ 0 \end{pmatrix} \Rightarrow Q\left(5; \frac{11}{2}; 0\right)$$

R ... Diagonalenschnittpunkt der Seite CDEF:

$$\overrightarrow{OR} = \overrightarrow{OD} + \frac{1}{2}\,\overrightarrow{DC} + \frac{1}{2}\,\overrightarrow{CF} = \begin{pmatrix} 0 \\ 3 \\ 0 \end{pmatrix} + \begin{pmatrix} 3 \\ 4 \\ 0 \end{pmatrix} + \begin{pmatrix} 2 \\ -1{,}5 \\ 2{,}5 \end{pmatrix} = \begin{pmatrix} 5 \\ 5{,}5 \\ 2{,}5 \end{pmatrix} \Rightarrow R\left(5; \frac{11}{2}; \frac{5}{2}\right)$$

$$\text{mit } \overrightarrow{CF} = \begin{pmatrix} 4 \\ -3 \\ 5 \end{pmatrix}$$

Flächeninhalt des Dreiecks PQR:

$$A_{\Delta PQR} = \frac{1}{2}\left|\overrightarrow{PR}\right| \cdot z_P$$

$$A_{\Delta PQR} = \frac{1}{2}\sqrt{(-2)^2 + \left(\frac{3}{2}\right)^2} \cdot \frac{5}{2}$$

$$\underline{A_{\Delta PQR} = 3{,}125}$$

$$A_{\Delta BCF} = \frac{1}{2}\left|\overrightarrow{BC}\right| \cdot \left|\overrightarrow{BF}\right|$$

$$\underline{A_{\Delta BCF} = 12{,}5 = A_{\Delta ADE}}$$

Verhältnis der Flächeninhalte:

$$\frac{A_{\Delta PQR}}{A_{\Delta ADE}} = \frac{3{,}125}{12{,}5} = \frac{1}{4}$$

e) k ... Kreisgleichung:

$$M = Q \Rightarrow M\left(5; \frac{11}{2}\right)$$

$$r = \left|\overrightarrow{AQ}\right| = \sqrt{\frac{125}{4}} \quad \text{mit} \quad \overrightarrow{AQ} = \begin{pmatrix} 1 \\ 5{,}5 \\ 0 \end{pmatrix}$$

$$\underline{\underline{k = (x-5)^2 + \left(y - \frac{11}{2}\right)^2 = \frac{125}{4}}}$$

Gleichung der Sehne $\overline{AB}$:

$$g_{\overline{AB}}: \vec{x} = \begin{pmatrix} 4 \\ 0 \end{pmatrix} + r \begin{pmatrix} 6 \\ 8 \end{pmatrix}$$

s ... Senkrechte zur Sehne $\overline{AB}$ durch M:

$$s: \vec{x} = \begin{pmatrix} 5 \\ \frac{11}{2} \end{pmatrix} + t \begin{pmatrix} 8 \\ -6 \end{pmatrix} \Rightarrow \begin{array}{l} x = 5 + 8t \\ y = \frac{11}{2} - 6t \end{array}$$

Schnittpunkte von k und s:

$$\begin{aligned} (5 + 8t - 5)^2 + \left(\frac{11}{2} - 6t - \frac{11}{2}\right)^2 &= \frac{125}{4} \\ 64t^2 \quad + \quad 36t^2 &= \frac{125}{4} \\ 100t^2 &= \frac{125}{4} \\ t^2 &= \frac{5}{16} \\ \underline{t = \pm\frac{1}{4}\sqrt{5}} \end{aligned}$$

mit $t = \frac{1}{4}\sqrt{5}$ $\quad \underline{\underline{B_1\left(5 + 2\sqrt{5}; \frac{11}{2} - \frac{3}{2}\sqrt{5}\right)}}$

mit $t = -\frac{1}{4}\sqrt{5}$ $\quad \underline{\underline{B_2\left(5 - 2\sqrt{5}; \frac{11}{2} + \frac{3}{2}\sqrt{5}\right)}}$

Grundkurs Mathematik (Sachsen): Abiturprüfung 1997
Pflichtaufgabe C – Stochastik

Eine Urne enthalte fünf blaue Kugeln und eine gelbe Kugel. Für das Spiel „Ziehen und Ersetzen" wird folgende Regel vereinbart:
Es wird jeweils genau eine Kugel gezogen. Ist die gezogene Kugel gelb, so wird sie in die Urne zurückgelegt, ist sie dagegen blau, wird sie beiseite gelegt und in der Urne durch eine gelbe ersetzt.

a) Das Spiel „Ziehen und Ersetzen" wird dreimal durchgeführt und jeweils die Farbe der gezogenen Kugeln festgestellt.
Berechnen Sie die Wahrscheinlichkeit der folgenden Ereignisse:

Ereignis A: Genau eine der gezogenen Kugeln ist gelb.
Ereignis B: Höchstens zwei der gezogenen Kugeln sind blau.
Ereignis C: Nur die dritte Kugel ist blau.
Ereignis D: Die zweite Kugel ist gelb. (4 BE)

b) Auf einem Rummelplatz wird an einem Stand das Spiel „Ziehen und Ersetzen" als Glücksspiel angeboten. Nach einem Einsatz von x DM darf der Spieler dreimal ziehen. Er erhält bei

drei gezogenen gelben Kugeln 50 DM, bei
zwei gezogenen gelben Kugeln 5 DM und bei
einer gezogenen gelben Kugel 2 DM

ausgezahlt.
Wie hoch muss des Einsatz mindestens sein, damit dieses Spiel dem Standbesitzer langfristig Gewinn bringt? (4 BE)

c) Wie viele Ziehungen sind bei dem beschriebenen Spiel mindestens durchzuführen, damit die Wahrscheinlichkeit dafür, dass man mindestens eine blaue Kugel gezogen hat, größer als 0,98 ist? (2 BE)

(10 BE)

Lösungen

a) Urne mit $5 \times b$ und $1 \times g$

Wahrscheinlichkeit für Ereignis A:

$$P(A) = P(bbg) + P(bgb) + P(gbb) = \frac{60}{216} + \frac{40}{216} + \frac{20}{216} = \frac{120}{216} = \underline{\underline{\frac{5}{9}}}$$

Wahrscheinlichkeit für Ereignis B:

$$P(B) = 1 - P(bbb) = 1 - \frac{60}{216} = \frac{156}{216} = \underline{\underline{\frac{13}{18}}}$$

Wahrscheinlichkeit für Ereignis C:

$$P(C) = P(ggb) = \underline{\underline{\frac{5}{216}}}$$

Wahrscheinlichkeit für Ereignis D:

$$P(D) = P(bg) + P(gg) = \frac{10}{36} + \frac{1}{36} = \underline{\underline{\frac{11}{36}}}$$

Baumdiagramm:

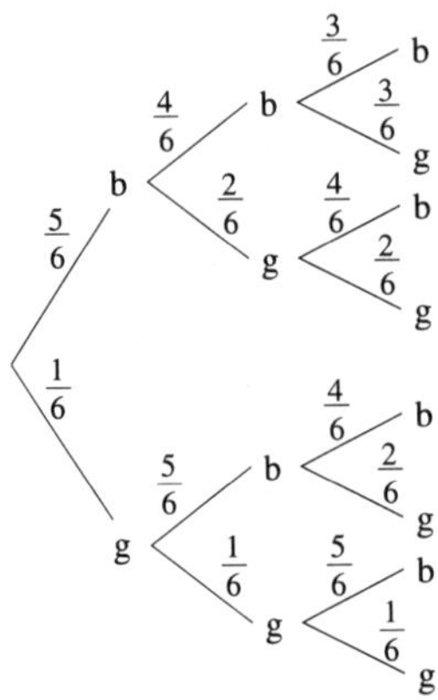

b)

Anzahl der gelben Kugeln	0	1	2	3
Wahrscheinlichkeit	$\frac{60}{216}$	$\frac{60+40+20}{216}$	$\frac{20+10+5}{216}$	$\frac{1}{216}$
Gewinn für Spieler in DM	$-x$	$2-x$	$5-x$	$50-x$

(x ... Einsatz der Spieler in DM)

Erwartungswert für Gewinn des Spielers:

$$E = \frac{60}{216}(-x) + \frac{120}{216}(2-x) + \frac{35}{216}(5-x) + \frac{1}{216}(50-x)$$

$$E = \frac{465}{216} - \frac{216}{216}x$$

$$E = \frac{465}{216} - x$$

Spiel bringt für den Standbesitzer langfristig Gewinn, wenn der Erwartungswert für den Gewinn des Spielers ≤ 0 ist.

$$E \leq 0$$

$$\frac{465}{216} - x \leq 0$$

$$\underline{\underline{x \geq 2{,}16}}$$

Der Mindesteinsatz muss 2,16 DM betragen.

c) X ... Anzahl der gezogenen blauen Kugeln:

$$P(X \geq 1) = 1 - P(X = 0) \geq 0{,}98$$

$$1 - \left(\frac{1}{6}\right)^n \geq 0{,}98$$

$$0{,}02 \geq \left(\frac{1}{6}\right)^n$$

$$n \geq \frac{\ln 0{,}02}{\ln \frac{1}{6}}$$

$$\underline{\underline{n \geq 2{,}18}}$$

Es muss mindestens dreimal gezogen werden.

Grundkurs Mathematik (Sachsen): Abiturprüfung 1997
Wahlaufgabe D 1 – Analysis

Gegeben sind die Funktionen f_k durch $y = f_k(x) = 2kx^2 - k^2x$ ($k \in R$, $k \neq 0$; $x \in R$).

a) Berechnen Sie die Nullstellen der Funktionen f_k sowie die Koordinaten der lokalen Extrempunkte der Graphen dieser Funktionen.
Untersuchen Sie die Art der Extrema in Abhängigkeit von k.
Zeichnen Sie die Graphen der Funktionen f_{-3} und f_2. (6 BE)

b) Alle lokalen Extrempunkte der Graphen der Funktionen f_k liegen auf dem Graph der Funktion h. Ermitteln Sie die Gleichung der Funktion h. (1 BE)

c) Für jedes k begrenzen der Graph der Funktion f_k und die x-Achse einen Fläche vollständig.
Für welche Werte k ist der Inhalt dieser Fläche $\frac{27}{8}$? (3 BE)

(10 BE)

Lösungen

$y = f_k(x) = 2kx^2 - k^2x \qquad (k \in R, k \neq 0; x \in R)$

a) Nullstellen:

$$f_k(x_N) = 0$$
$$0 = 2kx_N^2 - k^2x_N$$
$$0 = kx_N(2x_N - k)$$
$$\underline{\underline{x_{N_1} = 0}} \quad \text{und} \quad 0 = 2x_{N_2} - k \Rightarrow \underline{\underline{x_{N_2} = \frac{k}{2}}}$$

Extrempunkte:

$$f_k'(x) = 4kx - k^2$$
$$f_k''(x) = 4k$$
$$f_k'(x_E) = 0$$
$$0 = 4kx_E - k^2$$
$$\underline{x_E = \frac{k}{4}} \quad \underline{y_E = f_k(x_E) = 2k\frac{k^2}{16} - \frac{k^3}{4} = -\frac{k^3}{8}}$$
$$\underline{\underline{E\left(\frac{k}{4}; -\frac{k^3}{8}\right)}}$$

$f_k''(x) = 4k$:

- $k > 0 \Rightarrow f_k'' > 0 \Rightarrow$ lokales Minimum
- $k < 0 \Rightarrow f_k'' < 0 \Rightarrow$ lokales Maximum

b) $x = \frac{k}{4}$ $\qquad$ $y = -\frac{k^3}{8}$

mit $k = 4x$ $\qquad$ folgt $y = -\frac{64x^3}{8} = -8x^3$

$$\underline{\underline{h:\ y = -8x^3}}$$

c) $A = \left| \int_0^{\frac{k}{2}} f_k(x)dx \right|$

$$A = \left| \int_0^{\frac{k}{2}} \left(2kx^2 - k^2x\right)dx \right|$$

$$A = \left| \left[\frac{2}{3}kx^3 - \frac{k^2}{2}x^2 \right]_0^{\frac{k}{2}} \right|$$

$$A = \left| \left(\frac{2}{3}k \cdot \frac{k^3}{8} - \frac{k^2}{2} \cdot \frac{k^2}{4} \right) - 0 \right|$$

$$A = \left| \frac{1}{12}k^4 - \frac{1}{8}k^4 \right|$$

$$A = \left| -\frac{1}{24}k^4 \right|$$

$$A = \frac{1}{24}k^4 = \frac{27}{8}$$

$$k^4 = 81$$

$$\underline{\underline{k_1 = 3}} \qquad \underline{\underline{k_2 = -3}}$$

Grundkurs Mathematik (Sachsen): Abiturprüfung 1997
Wahlaufgabe D2 – Geometrie/Algebra

a) In einem kartesischen Koordinatensystem sind die Punkte A(5; 3) und B(2; 4) sowie ein Kreis k durch die Gleichung $x^2 - 6x + y^2 - 4y + 8 = 0$ gegeben. Ermitteln Sie die Koordinaten des Mittelpunktes und den Radius des Kreises k. Zeigen Sie rechnerisch, dass die Punkte A und B auf dem Kreis k liegen und berechnen Sie den Abstand der Sehne $\overline{AB}$ vom Kreismittelpunkt. (5 BE)

b) Eine Familie richtete sich das Wohnzimmer neu ein und kauft sich eine Couchgarnitur, die in einer Ecke des Zimmers stehen soll. Das Eckteil der Couchgarnitur hat eine kreisförmig abgerundete Lehne, sodass in der Wohnzimmerecke hinter der Couch ein freier Raum bleibt.
Der Familienvater möchte einen Ablagetisch bauen, der den freien Raum in der Ecke ausnutzt. Zum Aussägen der Tischplatte möchte er eine Schablone herstellen.

Beim Abmessen erhielt er folgende Werte (vgl. Skizze):

Längen der senkrecht zueinander stehenden Schenkel: 650 mm,
Abstand Zimmerecke – Couch: 350 mm.

Um die Konstruktion auf einem hinreichend großen Zeichenkarton durchführen zu können, führt der Familienvater ein geeignetes Koordinatensystem ein und baut aus einer Nadel, einem Bleistift sowie einer Schnur einen geeignten „Zirkel“.

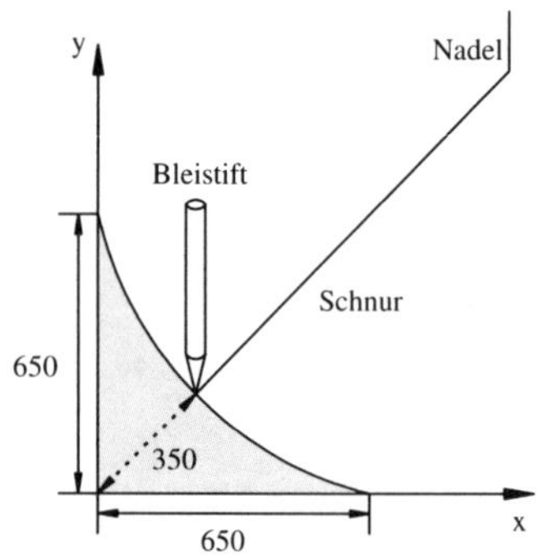

(Skizze nicht maßstäblich)

Berechnen Sie den für die Konstruktion benötigten Radius sowie die Koordinaten des „Einstichpunktes“ für den vom Familienvater gebauten „Zirkel“. Runden Sie die Ergebnisse auf Millimeter. (5 BE)

(10 BE)

Lösungen

a) Kreisgleichung :

$$k: x^2 - 6x + y^2 - 4y + 8 = 0$$
$$k: (x-3)^2 + (y-2)^2 = 5$$
$$\underline{\underline{M(3;2)}} \qquad \underline{\underline{r = \sqrt{5}}}$$

A ∈ k, denn $(5-3)^2 + (3-2)^2 = 5$

$$\underline{\underline{2^2 + 1^2 = 5 \quad \text{wahre Aussage}}}$$

B ∈ k, denn $(2-3)^2 + (4-2)^2 = 5$

$$\underline{\underline{(-1)^2 + 2^2 = 5 \quad \text{wahre Aussage}}}$$

d ... Abstand der Sehne $\overline{AB}$ von M:

Skizze:

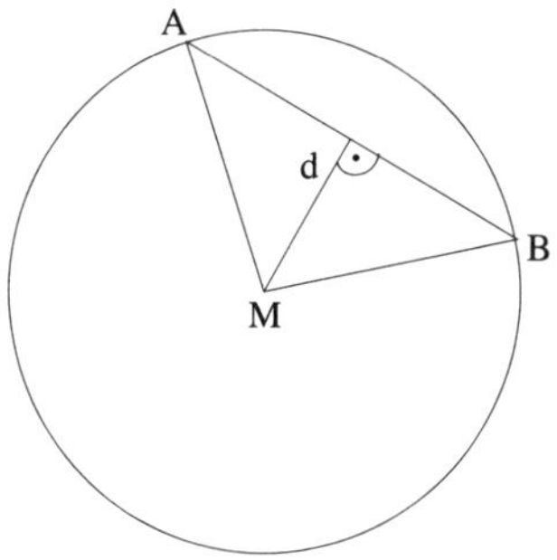

$$d^2 = r^2 - \left(\frac{\overline{AB}}{2}\right)^2 \qquad \overline{AB} = \left|\overrightarrow{AB}\right| = \sqrt{10}$$

$$d^2 = 5 - \frac{10}{4} \qquad \text{mit} \quad \left|\overrightarrow{AB}\right| = \begin{pmatrix} -3 \\ 1 \end{pmatrix}$$

$$d^2 = \frac{10}{4}$$

$$\underline{\underline{d = \frac{1}{2}\sqrt{10}}}$$

Der Abstand der Sehne $\overline{AB}$ zum Kreismittelpunkt M beträgt $\frac{1}{2}\sqrt{10}$.

b) S ... Schnittpunkt der Geraden y = x mit der Kreislinie
M ... Koordinaten des Kreismittelpunktes
S_x ... Berührungspunkt zwischen Kreislinie und x-Achse
S_y ... Berührungspunkt zwischen Kreislinie und y-Achse

$S(\sqrt{61250};\sqrt{61250})$; denn $x_S^2 + y_S^2 = 350^2$

und $x_S = y_S$

$\Rightarrow \quad 2x_S^2 = 350^2$

$x_S = y_S = \sqrt{61250}$

Sx (650; 0)
Sy (0; 650)
M (x_M; y_M) mit $x_M = y_M$, da M ∈ g: y = x

Ermittlung der Koordinaten von M:

$$|\overline{S_x M}| = |\overline{SM}| = r$$

$$(650 - x_M)^2 + (0 - y_M)^2 = (\sqrt{61250} - x_M)^2 + (\sqrt{61250} - y_M)^2$$

mit $x_M = y_M$

$$(650 - x_M)^2 + x_M^2 = (\sqrt{61250} - x_M)^2$$

$$422500 - 1300 x_M + 2x_M^2 = 122500 - 4\sqrt{61250} \cdot x_M + 2x_M^2$$

$$\underline{x_M = 968 = y_M}$$

Koordinaten von M: $\underline{\underline{M(968; 968)}}$

Berechnung des Radius: $r = \left|\overrightarrow{MS_x}\right| = \sqrt{(-318)^2 + (-968)^2}$

$\underline{\underline{r = 1019}}$

Der Radius beträgt 1019 mm.

Grundkurs Mathematik (Sachsen): Abiturprüfung 1998
Analysis – Aufgabe A

Gegeben sind die Funktionen f durch

$$y = f(x) = -\frac{2x}{x^2+1} \quad (x \in \mathbb{D}_f)$$

und h durch $y = h(x) = 2 - \ln(x^2 + 1)$ $(x \in \mathbb{R})$. Außerdem ist die zweite Ableitung der Funktion f durch

$$f''(x) = \frac{-4x^3+12x}{(x^2+1)^3} \quad (x \in \mathbb{R})$$

gegeben.

a) Geben Sie den größtmöglichen Definitionsbereich der Funktion f an und führen Sie für die Funktion f eine Kurvendiskussion durch (Nullstellen, Polstellen, Symmetrie, Koordinaten der lokalen Extrempunkte, Art der Extrema, Koordinaten der drei Wendepunkte).
(Hinweis: Auf die Überprüfung einer hinreichenden Bedingung für die Existenz der Wendepunkte kann verzichtet werden).
Zeichnen Sie den Graphen der Funktion f im Intervall $-4 \le x \le 4$. (11 BE)

b) Zeigen Sie, dass die Funktion h eine Stammfunktion der Funktion f ist.
Der Graph der Funktion f, die x-Achse und die Gerade mit der Gleichung $x = 2$ begrenzen im vierten Quadranten eine Fläche vollständig.
Berechnen Sie den Flächeninhalt dieser Fläche. (3 BE)

c) Die Gerade t sei Tangente an den Graphen der Funktion f im Punkt $T(2;\, f(2))$.
Die Gerade s sei das Bild der Geraden t bei der Spiegelung an der y-Achse.
Die Geraden s und t sowie die x-Achse begrenzen ein Dreieck.
Berechnen Sie den Flächeninhalt dieses Dreiecks. (6 BE)

d) Für jedes u $(u \in \mathbb{R},\ 0 < u < 2)$ wird durch die Punkte $A(2;\, 0)$, $B_u(u;\, 0)$ und $C_u(u;\, f(u))$ ein Dreieck bestimmt.
Unter diesen Dreiecken existiert genau eines mit maximalen Flächeninhalt.
Ermitteln Sie für dieses Dreieck den Wert u.
(Hinweis: Auf die Überprüfung einer hinreichenden Bedingung für die Existenz des lokalen Maximums kann verzichtet werden). (5 BE)

(25 BE)

Lösungen

a) Definitionsbereich: $x \in \mathbb{R}$

Nullstellen:
$$f(x_N) = 0 = -\frac{2x_N}{x_N^2 + 1}$$
$$0 = -2x_N$$
$$\underline{\underline{x_N = 0}}$$

Polstellen:
$$0 = x_p^2 + 1$$
$$\underline{x_p^2 = -1} \quad \Rightarrow \quad \underline{\underline{\text{keine Polstelle}}}\text{, da } x_p^2 \geq 0 \text{ für alle } x \in \mathbb{R}$$

Symmetrie:
$$\left.\begin{aligned} f(-x) &= -\frac{2(-x)}{(-x)^2 + 1} = \frac{2x}{x^2 + 1} \\ -f(x) &= -\left(-\frac{2x}{x^2 + 1}\right) = \frac{2x}{x^2 + 1} \end{aligned}\right\}$$
$\Rightarrow$ $f(-x) = -f(x)$

$\Rightarrow$ Die Funktion ist punktsymmetrisch zum Koordinatenursprung

Extrempunkte:
$$f'(x) = -\frac{2(x^2 + 1) - 2x \cdot 2x}{(x^2 + 1)^2}$$
$$f'(x) = -\frac{2 - 2x^2}{(x^2 + 1)^2}$$
$$f''(x) = -\frac{-4x(x^2 + 1)^{\cancel{2}\,1} - (2 - 2x^2) \cdot 2\cancel{(x^2 + 1)} \cdot 2x}{(x^2 + 1)^{\cancel{4}\,3}}$$
$$f''(x) = -\frac{4x^3 - 12x}{(x^2 + 1)^3} = \frac{-4x^3 + 12x}{(x^2 + 1)^3}$$
$$f'(x_E) = 0 = -\frac{2 - 2x_E^2}{(x_E^2 + 1)^2}$$
$$0 = 2 - 2x_E^2$$
$$x_E^2 = 1$$
$$x_{E_1} = 1 \qquad f(1) = -\frac{2}{2} = -1$$
$$x_{E_2} = -1 \quad f(-1) = -\frac{-2}{2} = 1$$
$$f''(1) = -\frac{4 - 12}{2^3} = 1 > 0 \quad \Rightarrow \text{ lokales Minimum } \quad \underline{\underline{E_{Min}(1; -1)}}$$
$$f''(-1) = -\frac{-4 + 12}{2^3} = -\frac{8}{8} = -1 < 0 \quad \Rightarrow \text{ lokales Maximum } \quad \underline{\underline{E_{Max}(-1; 1)}}$$

Wendepunkte: $f''(x_W) = 0 = -\frac{4x_W^3 - 12x_W}{(x_W^2+1)^3}$

$$0 = x_W(4x_W^2 - 12)$$

$$\underline{x_{W_1} = 0} \qquad 0 = 4x_W^2 - 12$$

$$x_W^2 = 3$$

$$x_{W_2} = \sqrt{3} \qquad f(\sqrt{3}) = -\frac{2\sqrt{3}}{4} = -\frac{\sqrt{3}}{2}$$

$$x_{W_3} = -\sqrt{3} \qquad f(-\sqrt{3}) = +\frac{2\sqrt{3}}{4} = \frac{\sqrt{3}}{2}$$

$$\underline{\underline{W_1(0;0)}} \qquad \underline{\underline{W_2\left(\sqrt{3}; -\frac{\sqrt{3}}{2}\right)}} \qquad \underline{\underline{W_3\left(-\sqrt{3}; \frac{\sqrt{3}}{2}\right)}}$$

Graph: $f(-4) = \frac{8}{17} \approx 0{,}47$

$$f(4) = -\frac{8}{17} \approx -0{,}47$$

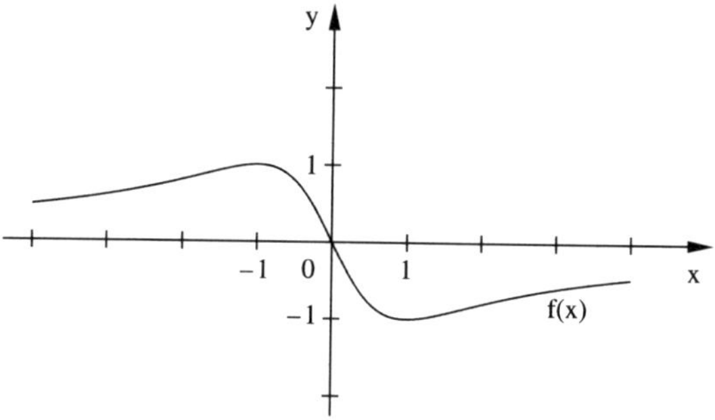

b) Nachweis, dass Funktion h Stammfunktion der Funktion f ist: Es muss gelten $h'(x) = f(x)$

$h'(x) = [2 - \ln(x^2+1)]' = -\frac{2x}{(x^2+1)} = f(x)$ wahre Aussage

$\Rightarrow$ Funktion h ist Stammfunktion der Funktion f.

Flächeninhalt: $A = \left| \int_0^2 f(x)\,dx \right|$

$$A = \left| -\int_0^2 \frac{2x}{x^2+1}\,dx \right|$$

$$A = \left| [2 - \ln(x^2+1)]_0^2 \right|$$

$$A = \left| (2-\ln 5) - (2 - \ln 1) \right|$$

$$\underline{\underline{A = \ln 5}}$$

Der Flächeninhalt der Fläche beträgt ln 5 FE.

c) Skizze:

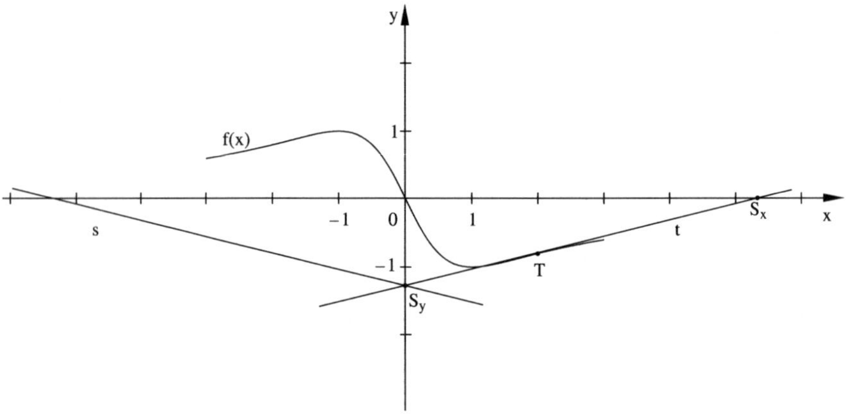

T(2; f(2)) mit $f(2) = -\frac{4}{5} = -0{,}8 \quad \Rightarrow \quad T(2; -0{,}8)$

Gleichung der Tangente: $y = m_t x + n$

$$m_t = f'(2) = -\frac{2-8}{25} = 0{,}24$$

mit T folgt: $-0{,}8 = 0{,}24 \cdot 2 + n$

$$n = -1{,}28$$

$$\underline{\underline{t: \quad y = 0{,}24x - 1{,}28}}$$

S_x ... Schnittpunkt mit der Tangenten t mit der x-Achse:

$f(x_S) = 0 = 0{,}24 x_S - 1{,}28$

$x_S = \frac{16}{3}$ $\qquad \underline{\underline{S_x\left(\frac{16}{3}; 0\right)}}$

S_y ... Schnittpunkt mit der Tangenten t mit der y-Achse:

$\underline{\underline{S_y(0;1,28)}}$

Flächeninhalt: $A = \frac{1}{2} g \cdot h$

$$A = \frac{1}{2} \cdot 2x_S \cdot |n|$$

$$A = \frac{16}{3} \cdot 1,28$$

$$\underline{\underline{A = \frac{512}{75}}}$$

Das Dreieck hat einen Flächeninhalt von $\frac{512}{75}$ FE.

d) Skizze:

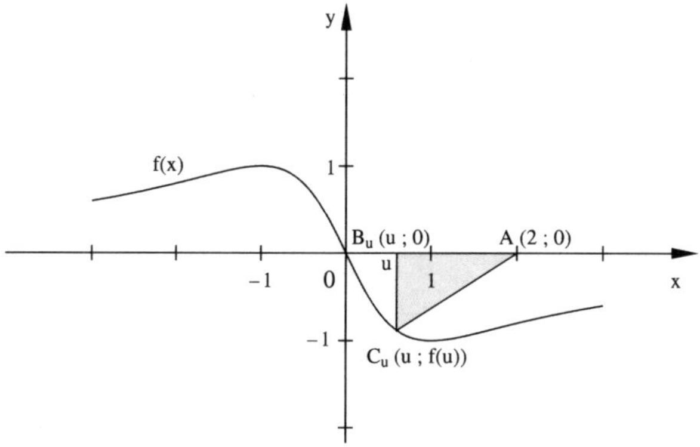

Zielfunktion: $A = \frac{1}{2} a \cdot b$

Nebenbedingungen: $a = 2 - u$

$$b = |f(u)| = \frac{2u}{u^2 + 1}$$

$$A(u) = \frac{1}{2} \cdot (2 - u) \cdot |f(u)|$$

$$A(u) = \frac{1}{\not 2} \cdot (2 - u) \cdot \frac{\not 2 u}{u^2 + 1}$$

$$A(u) = \frac{2u - u^2}{u^2 + 1}$$

$$A'(u) = \frac{(2 - 2u)(u^2 + 1) - (2u - u^2) \cdot 2u}{(u^2 + 1)^2}$$

$$A'(u) = \frac{2 - 2u - 2u^2}{(u^2 + 1)^2}$$

$$A'(u_E) = 0 = \frac{2 - 2u_E - 2u_E^2}{(u_E^2 + 1)^2}$$

$$0 = u_E^2 + u_E - 1$$

$$u_{E_{1;2}} = -\frac{1}{2} \pm \sqrt{\frac{1}{4} + 1}$$

$$u_{E_{1;2}} = -\frac{1}{2} \pm \frac{\sqrt{5}}{2}$$

$$\underline{\underline{u_{E_1} = -\frac{1}{2} + \frac{\sqrt{5}}{2}}}$$

$$u_{E_2} = -\frac{1}{2} - \frac{\sqrt{5}}{2} \qquad \text{entfällt, da } 0 < u < 2 \text{ sein muss.}$$

Für $u = -\frac{1}{2} + \frac{\sqrt{5}}{2}$ ist der Flächeninhalt des Dreiecks maximal.

Grundkurs Mathematik (Sachsen): Abiturprüfung 1998
Geometrie / Algebra – Aufgabe B

In einem kartesischen Koordinatensystem sind die Punkte A(−4; 2; 12), B(5; 5; 6) und S_1(2; 4; 8), sowie die Gerade g durch die Gleichung

$$\vec{x} = \begin{pmatrix} 10 \\ -2 \\ 24 \end{pmatrix} + t \cdot \begin{pmatrix} 4 \\ -3 \\ 8 \end{pmatrix} \quad (t \in \mathbb{R})$$

gegeben. Außerdem ist in der x-y-Ebene der Kreis k durch die Gleichung $(x-2)^2 + (y-4)^2 = 25$ gegeben.

a) Die Gerade h verläuft durch die Punkte A und B.
Stellen Sie eine Gleichung für die Gerade h auf.
Weisen Sie nach, dass der Punkt S_1 gemeinsamer Punkt der Geraden g und h ist.
Berechnen Sie den Schnittwinkel zwischen den Geraden g und h. (5 BE)

Ein Kreiskegel ist durch den Punkt S_1 als Spitze und den Kreis k als Grundkreis bestimmt.

b) Die Gerade g schneidet die x-y-Ebene im Punkt C.
Berechnen Sie die Koordinaten des Punktes C und weisen Sie nach, dass der Punkt C auf dem Kreis k liegt. (2 BE)

c) Begründen Sie, dass der Kreiskegel ein gerader Kreiskegel ist.
Berechnen Sie das Volumen dieses Kreiskegels.
Berechnen Sie den Winkel zwischen einer Mantellinie und der Grundkreisebene diese Kreiskegels (Neigungswinkel des Kreiskegels).
Berechnen Sie die Koordinaten der Spitze S_2 eines weiteren geraden Kreiskegels, der denselben Grundkreis k wie der bisher betrachtete Kreiskegel besitzt und dessen Neigungswinkel 30° beträgt. (5 BE)

d) Untersuchen Sie die Lagebeziehung zwischen der Geraden mit der Gleichung $4x - 3y - 21 = 0$ und dem Kreis k. (3 BE)

(15 BE)

Lösungen

bekannt: A(−4; 2; 12)
B(5; 5; 6)
$S_1(2; 4; 8)$

$$g:\ \vec{x} = \begin{pmatrix} 10 \\ -2 \\ 24 \end{pmatrix} + t\begin{pmatrix} 4 \\ -3 \\ 8 \end{pmatrix} \qquad (t \in \mathbb{R})$$

k: $(x-2)^2 + (y-4)^2 = 25$ in x-y-Ebene, mit M(2; 4) und $r = \sqrt{25} = 5$

a) Gerade h:

$$h:\ \vec{x} = \begin{pmatrix} -4 \\ 2 \\ 12 \end{pmatrix} + r \cdot \begin{pmatrix} 9 \\ 3 \\ -6 \end{pmatrix} \qquad (r \in \mathbb{R})$$

Nachweis, dass S_1 gemeinsamer Punkt der Geraden g und h ist.

$$S_1 \in g:\ \begin{pmatrix} 2 \\ 4 \\ 8 \end{pmatrix} = \begin{pmatrix} 10 \\ -2 \\ 24 \end{pmatrix} + t\begin{pmatrix} 4 \\ -3 \\ 8 \end{pmatrix} \left.\begin{matrix} t_1 = -2 \\ t_2 = -2 \\ t_3 = -2 \end{matrix}\right\} \Rightarrow \begin{matrix} t_1 = t_2 = t_3 \\ S_1 \in g \end{matrix}$$

$$S_1 \in h:\ \begin{pmatrix} 2 \\ 4 \\ 8 \end{pmatrix} = \begin{pmatrix} -4 \\ 2 \\ 12 \end{pmatrix} + r\begin{pmatrix} 9 \\ 3 \\ -6 \end{pmatrix} \left.\begin{matrix} r_1 = \frac{2}{3} \\ r_2 = \frac{2}{3} \\ r_3 = \frac{2}{3} \end{matrix}\right\} \Rightarrow \begin{matrix} r_1 = r_2 = r_3 \\ S_1 \in h \end{matrix}$$

Ergebnis: S_1 ist der gemeinsame Punkt der Geraden g und h.

Schnittwinkel:

$$\cos \sphericalangle (g, h) = \left| \frac{\vec{a} \cdot \vec{b}}{|\vec{a}| \cdot |\vec{b}|} \right| \qquad \vec{a} \ldots \text{ Richtungsvektor der Geraden g}$$

$$= \left| \frac{-21}{\sqrt{89} \cdot \sqrt{126}} \right| \qquad \vec{b} \ldots \text{ Richtungsvektor der Geraden h}$$

$$= 0{,}198$$

$$\underline{\underline{\sphericalangle (g; h) \approx 78{,}56°}}$$

Der Schnittwinkel der Geraden g und h beträgt 78,56°.

b) Berechnung der Koordinaten des Punktes C:

$$\begin{pmatrix} x_C \\ y_C \\ z_C \end{pmatrix} = \begin{pmatrix} 10 \\ -2 \\ 24 \end{pmatrix} + t\begin{pmatrix} 4 \\ -3 \\ 8 \end{pmatrix}$$

$C \in$ x-y-Ebene $\Rightarrow z_C = 0$

$$0 = 24 + 8t$$
$$t = -3$$

mit $t = -3$ folgt: $x_C = 10 + (-3) \cdot 4 = -2$
$y_C = -2 + (-3) \cdot (-3) = 7$

$\Rightarrow \quad \underline{\underline{C(-2; 7, 0)}}$

Nachweis, dass $C \in k$: $(-2-2)^2 + (7-4)^2 = 25$
$16 + 9 = 25$
$25 = 25$ w. A. $\Rightarrow \underline{\underline{C \in k}}$

c) $\left.\begin{matrix} M(2;4,0) \\ S_1(2;4;8) \end{matrix}\right\} \quad x_M = x_S$ und $y_M = y_S$

$\Rightarrow$ S_1 liegt senkrecht über M und der Kreis k liegt in der x-y-Ebene.
$\Rightarrow$ $\underline{\underline{\text{Der Kreiskegel ist gerade.}}}$

V ... Volumen des Kreiskegels

$$V = \frac{1}{3}\pi \cdot r^2 \cdot h \qquad h = z_S$$

$$V = \frac{1}{3}\pi \cdot 5^2 \cdot 8$$

$$\underline{\underline{V = \frac{200}{3}\pi}}$$

Das Volumen des Kreiskegels beträgt $\frac{200}{3}\pi$ VE.

Neigungswinkel des Kreiskegels:

Skizze:

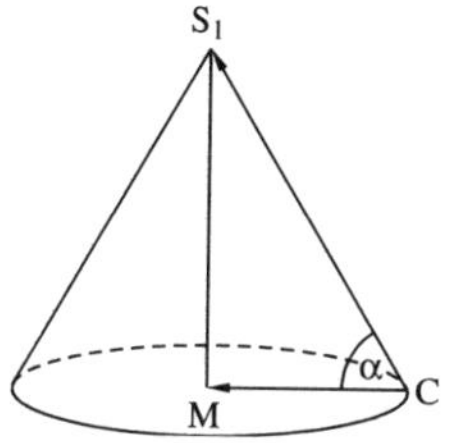

α ... Neigungswinkel des Kreiskegels

Weg 1: $\cos \sphericalangle(\overrightarrow{CM}; \overrightarrow{CS_1}) = \dfrac{\overrightarrow{CM} \cdot \overrightarrow{CS_1}}{|\overrightarrow{CM}| \cdot |\overrightarrow{CS_1}|}$ mit $\overrightarrow{CM} = \begin{pmatrix} 4 \\ -3 \\ 0 \end{pmatrix}$ und $\overrightarrow{CS_1} = \begin{pmatrix} 4 \\ -3 \\ 8 \end{pmatrix}$

$$= \frac{25}{5 \cdot \sqrt{89}}$$

$$\approx 0{,}53$$

$$\underline{\underline{\sphericalangle(\overrightarrow{CM}; \overrightarrow{CS_1}) \approx 58° = \alpha}}$$

Weg 2: $\tan\alpha = \frac{|\overrightarrow{S_1M}|}{|\overrightarrow{CM}|}$ mit $\overrightarrow{S_1M} = \begin{pmatrix} 0 \\ 0 \\ -8 \end{pmatrix}$

$$\tan\alpha = \frac{\sqrt{64}}{5} = \frac{8}{5}$$

$$\tan\alpha \approx 0{,}53$$

$$\underline{\underline{\alpha \approx 58°}}$$

Der Neigungswinkel des Kreiskegels beträgt 58,0°.

Berechnung der Koordinaten von S_2:

S_2 liegt über M $\Rightarrow$ $S_2(2; 4; z)$

Weg 1: $\cos\sphericalangle(\overrightarrow{CM}; \overrightarrow{CS_2}) = \cos 30° = \frac{1}{2}\sqrt{3}$

mit $\overrightarrow{CM} = \begin{pmatrix} 4 \\ -3 \\ 0 \end{pmatrix}$ und $\overrightarrow{CS_2} = \begin{pmatrix} 4 \\ -3 \\ z \end{pmatrix}$ gilt:

$$\frac{1}{2}\sqrt{3} = \frac{\overrightarrow{CM} \cdot \overrightarrow{CS_2}}{\left|\overrightarrow{CM}\right| \cdot \left|\overrightarrow{CS_2}\right|}$$

$$\frac{1}{2}\sqrt{3} = \frac{25}{5 \cdot \sqrt{25 + z^2}}$$

$$\sqrt{25 + z^2} = \frac{10}{\sqrt{3}} = \frac{10}{3}\sqrt{3}$$

$$25 + z^2 = \frac{100}{3}$$

$$z^2 = \frac{25}{3}$$

$$z_{1;2} = \pm\frac{5}{\sqrt{3}} = \pm\frac{5}{3}\sqrt{3}$$

Weg 2: $\tan 30° = \frac{|\overrightarrow{S_2M}|}{|\overrightarrow{CM}|}$ mit $\overrightarrow{S_2M} = \begin{pmatrix} 0 \\ 0 \\ -z \end{pmatrix}$

$$|\overrightarrow{S_2M}| = |\overrightarrow{CM}| \cdot \tan 30°$$

$$|\overrightarrow{S_2M}| = |z| = 5 \cdot \frac{1}{3}\sqrt{3}$$

$$|z| = \frac{5}{3}\sqrt{3}$$

$$z_{1;2} = \pm\frac{5}{3}\sqrt{3}$$

$$\Rightarrow \underline{\underline{S_2\left(2; 4; \frac{5}{3}\sqrt{3}\right)}} \text{ oder } \underline{\underline{S_2\left(2; 4; -\frac{5}{3}\sqrt{3}\right)}}$$

d) Untersuchung von Kreis mit k: $(x-2)^2 + (y-4)^2 = 25$ und Gerade mit $y = \frac{4}{3}x - 7$ auf gemeinsame Punkte:

$y = \frac{4}{3}x - 7$ in Kreisgleichung einsetzen

$$(x-2)^2 + \left(\frac{4}{3}x - 7 - 4\right)^2 = 25$$

$$x^2 - 4x + 4 + \frac{16}{9}x^2 - \frac{88}{3}x + 121 = 25$$

$$\frac{25}{9}x^2 - \frac{100}{3}x + 100 = 0$$

$$x^2 - 12x + 36 = 0$$

$$x_{1;2} = 6 \pm \sqrt{36-36}$$

$$\underline{\underline{x_{1;2} = 6}}$$

⇒ Kreis und Gerade haben genau einen Punkt gemeinsam.

Ergebnis: Die Gerade ist Tangente an den Kreis k.

Grundkurs Mathematik (Sachsen): Abiturprüfung 1998
Stochastik – Aufgabe C

Nadia besitzt eine kleine CD-Sammlung. In einem Regal hat sie ungeordnet fünf CDs von Michael Jackson, vier von DJ Bobo und drei von Aaron Carter. Weitere CDs befinden sich nicht in dem Regal.

a) Weil Nadia es eines Tages dem Zufall überlassen will, welche Musik sie hört, zieht sie ohne Zurücklegen mit geschlossenen Augen nacheinander zwei CDs aus dem Regal.
Berechnen Sie die Wahrscheinlichkeit folgender Ereignisse.
Ereignis A: Beide CDs sind von Michael Jackson.
Ereignis B: Eine gezogene CD ist von DJ Bobo, die andere von Aaron Carter.
Ereignis C: Beide CDs sind von demselben Interpreten. (3 BE)

b) Nadia schlägt Silke folgendes Spiel vor:
„Die 12 CDs werden gut gemischt. Wenn ich mit verbundenen Augen eine CD von Michael Jackson ziehe, erhalte ich von dir 3,50 DM, ansonsten muss ich 2,00 DM an dich bezahlen.“
Ermitteln Sie rechnerisch, für wen das Spiel langfristig vorteilhaft ist.
Welchen Betrag soll Silke erhalten, damit das Spiel fair wird? (3 BE)

c) Ein Kaufhaus bietet als Eröffnungsangebot CDs für 10 DM je Stück an. In einer großen Kiste befinden sich viele dieser CDs, welche in Werbehüllen des Kaufhauses verpackt sind, sodass man den Interpreten an der Verpackung nicht erkennen kann. 50 % der CDs sind von Michael Jackson, 30 % von Aaron Carter, der Rest sind CDs von DJ Bobo. Nadia zieht acht CDs. Die Ziehungen können aufgrund der große Anzahl von CDs als voneinander unabhängig angenommen werden.
Berechnen Sie die Wahrscheinlichkeiten folgender Ereignisse.
Ereignis D: Genau 5 CDs von Aaron Carter befinden sich unter den gezogenen.
Ereignis E: Höchstens 6 CDs von Michael Jackson befinden sich unter den gezogenen.
Wie viele CDs muss Nadia mindestens ziehen, damit die Wahrscheinlichkeit, dass sie mindestens eine CD von DJ Bobo zieht, größer als 99 % wird? (4 BE)

(10 BE)

Materialien für Aufgaben zur Stochastik:

$F_{n;\,p}(k) = B_{n;\,p}(0) + \ldots + B_{n;\,p}(k)$ Summenfunktion der Binomialverteilung

n	k	p = 0,02	0,05	0,10	1/6	0,20	0,30	1/3	0,40	0,50		
	0	0,8508	0,6634	0,4305	0,2326	0,1678	0,0577	0,0390	0,0168	0,0039	**7**	
	1	0,9897	0,9428	0,8131	0,6047	0,5033	0,2553	0,1951	0,1064	0,0352	**6**	
	2	0,9996	0,9942	0,9619	0,8652	0,7969	0,5518	0,4682	0,3154	0,1445	**5**	
8	**3**		0,9996	0,9950	0,9693	0,9437	0,8059	0,7414	05941	0,3633	**4**	**8**
	4			0,9996	0,9954	0,9896	0,9420	0,9121	0,8263	0,6367	**3**	
	5				0,9996	0,9988	0,9887	0,9803	0,9502	0,8555	**2**	
	6					0,9999	0,9987	0,9974	0,9915	0,9648	**1**	
	7						0,9999	0,9999	0,9993	0,9961	**0**	
	0	0,8171	0,5987	0,3487	0,1615	0,1074	0,0283	0,0173	0,0061	0,0010	**9**	
	1	0,9838	0,9139	0,7361	0,4845	0,3758	0,1493	0,1041	0,0464	0,0107	**8**	
	2	0,9991	0,9885	0,9298	0,7752	0,6778	0,3828	0,2991	0,1673	0,0547	**7**	
	3		0,9990	0,9872	0,9303	0,8791	0,6496	0,5593	0,3823	0,1719	**6**	
10	**4**		0,9999	0,9984	0,9845	0,9672	0,8497	0,7869	0,6331	0,3770	**5**	**10**
	5			0,9999	0,9976	0,9936	0,9527	0,9234	0,8338	0,6231	**4**	
	6				0,9997	0,9991	0,9894	0,9803	0,9452	0,8281	**3**	
	7					0,9999	0,9984	0,9966	0,9877	0,9453	**2**	
	8						0,9999	0,9996	0,9983	0,9893	**1**	
	9								0,9999	0,9990	**0**	
		0,98	0,95	0,90	5/6	0,80	0,70	2/3	0,60	0,50	**k**	**n**

p

Lösungen

a) Wahrscheinlichkeit für Ereignis A: $P(A) = \frac{5}{12} \cdot \frac{4}{11} = \underline{\underline{\frac{5}{33}}}$

Wahrscheinlichkeit für Ereignis B: $P(B) = 2 \cdot \frac{4}{12} \cdot \frac{3}{11} = \underline{\underline{\frac{2}{11}}}$

Wahrscheinlichkeit für Ereignis C: $P(C) = \frac{5}{12} \cdot \frac{4}{11} + \frac{4}{12} \cdot \frac{3}{11} + \frac{3}{12} \cdot \frac{2}{11} = \underline{\underline{\frac{19}{66}}}$

b) Wahrscheinlichkeitsverteilung:

X_i ... Gewinn für Nadia	3,50 DM	–2,00 DM
Wahrscheinlichkeit	$\frac{5}{12}$	$\frac{7}{12}$

Erwartungswert: $E(X) = \frac{5}{12} \cdot 3{,}50\ \text{DM} - \frac{7}{12} \cdot 2{,}00\ \text{DM}$

$$\underline{\underline{E(X) = 0{,}29\ \text{DM}}}$$

Das Spiel ist langfristig für Nadia vorteilhaft, da sie im Durchschnitt pro Spiel etwa 0,29 DM gewinnt.

Ein Spiel ist fair, wenn E(X) = 0.
a ... Gewinn für Silke

$$E(X) = 0 = 3{,}50\ \text{DM} \cdot \frac{5}{12} - a \cdot \frac{7}{12}$$

$$\underline{\underline{a = 2{,}50\ \text{DM}}}$$

Das Spiel ist fair, wenn Silke 2,50 DM erhält.

c) Wahrscheinlichkeit, eine CD von

– Michael Jackson zu ziehen: $0{,}5 = \frac{1}{2}$

– Aaron Carter zu ziehen: $\frac{3}{10}$

– DJ Bobo zu ziehen: $\frac{1}{5}$

X ... Anzahl der gezogenen CDs von Aaron Carter

$$P(D) = P(X=5) = \binom{8}{5} \cdot \left(\frac{3}{10}\right)^5 \cdot \left(\frac{7}{10}\right)^3 \approx \underline{\underline{0{,}0467}}$$

Y ... Anzahl der gezogenen CDs von Michael Jackson

$$P(E)=P(Y\le 6)=1-P(Y=7)-P(Y=8)$$

$$P(E)=1-\binom{8}{7}\cdot\left(\frac{1}{2}\right)^7\cdot\left(\frac{1}{2}\right)^1-\binom{8}{8}\cdot\left(\frac{1}{2}\right)^8\cdot\left(\frac{1}{2}\right)^0$$

$$P(E)=1-\binom{8}{7}\cdot\left(\frac{1}{2}\right)^8-\binom{8}{8}\cdot\left(\frac{1}{2}\right)^8$$

$$\underline{\underline{P(E)\approx 0{,}9648}}$$

Z ... Anzahl der gezogenen CDs von DJ Bobo

$$P(Z\ge 1)=1-P(Z=0)>0{,}99$$

$$P(Z=0)<0{,}01$$

$$\binom{n}{0}\left(\frac{1}{5}\right)^0\left(\frac{4}{5}\right)^n<0{,}01$$

$$n\cdot\ln\frac{4}{5}<\ln 0{,}01$$

$$\underline{\underline{n>20{,}64}}$$

Nadia muss mindestens 21mal ziehen.

Gegeben ist die Funktion f durch

$$y = f(x) = -\frac{1}{3}x^3 + 3x \qquad (x \in \mathbb{R}).$$

Die Abbildung zeigt das mit einem grafikfähigen Taschenrechner erzeugte Bild des Graphen der Funktion f.

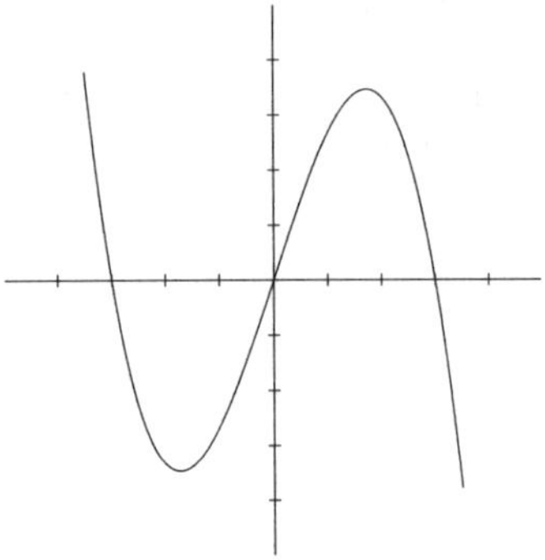

a) Der Graph der Funktion f und die x-Achse begrenzen im ersten Quadranten eine Fläche vollständig.
Berechnen Sie den Inhalt der Fläche. (3 BE)

b) Die Punkte $A_u(-u; f(-u))$ und $C_u(u; f(u))$ $(u \in \mathbb{R}, 0 < u \leq 3)$ sind Eckpunkte eines achsenparallelen Rechtecks.
Berechnen Sie den maximalen Flächeninhalt, den ein solches Rechteck haben kann. (4 BE)

c) Für jedes t $(t \in \mathbb{R})$ mit $\sqrt{3} < t < 3$ existiert durch den Punkt $P_t(t; f(t))$ eine Tangente an den Graphen der Funktion f, die die x-Achse in einem Punkt R_t und die y-Achse in einem Punkt S_t schneidet. Der Koordinatenursprung O sowie die Punkte R_t und S_t bilden jeweils ein Dreieck.
Berechnen Sie den Wert t, für den das zugehörige Dreieck OR_tS_t gleichschenklig ist. (3 BE)

(10 BE)

Lösungen

a) Nullstellen: $0 = f(x_N) = -\frac{1}{3}x_N^3 + 3x_N$

$$0 = x_N\left(-\frac{1}{3}x_N^2 + 3\right)$$

$\underline{\underline{x_{N_1} = 0}}$ $\quad 0 = -\frac{1}{3}x_N^2 + 3$

$$x_N^2 = 9$$

$$\underline{\underline{x_{N_2} = 3}}$$

$x_{N_3} = -3 \Rightarrow$ entfällt, da die Fläche im I. Quadranten liegen soll

Flächeninhalt: $A = \int_0^3 \left(-\frac{1}{3}x^3 + 3x\right)dx$

$$A = \left[-\frac{1}{12}x^4 + \frac{3}{2}x^2\right]_0^3$$

$$A = -\frac{81}{12} + \frac{27}{2}$$

$$\underline{\underline{A = \frac{27}{4}}}$$

Der Inhalt der Fläche beträgt $\frac{27}{4}$ FE.

b) Skizze:

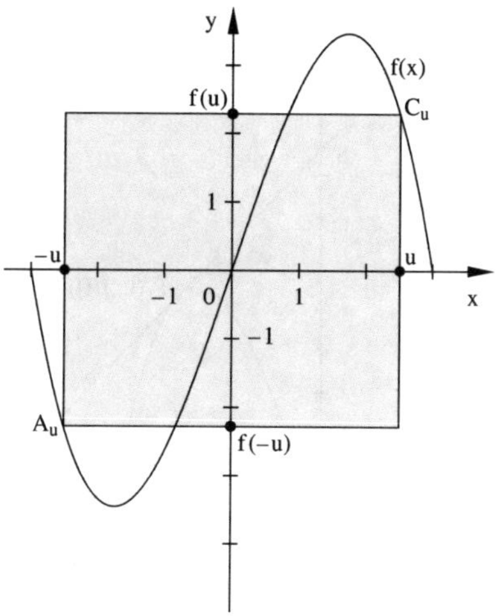

Zielfunktion: $A(u) = 2u \cdot 2f(u)$

$$A(u) = 4u \cdot \left(-\frac{1}{3}u^3 + 3u\right)$$

$$A(u) = -\frac{4}{3}u^4 + 12u^2$$

$$A'(u) = -\frac{16}{3}u^3 + 24u$$

$$0 = -\frac{16}{3}u^3 + 24u$$

$$0 = u\left(-\frac{16}{3}u^2 + 24\right)$$

$\underline{u_1 = 0}$ entfällt, da $0 < u \leq 3$

$$0 = -\frac{16}{3}u^2 + 24$$

$$u^2 = 4{,}5$$

$$\underline{\underline{u_2 = \sqrt{4{,}5}}}$$

$\underline{u_3 = -\sqrt{4{,}5}}$ entfällt, da $0 < u \leq 3$

Nachweis des Maximums: $A''(u) = -16u^2 + 24$

$$A''(\sqrt{4{,}5}) = -72 + 24 = -48 < 0 \quad \text{lokales Maximum}$$

Flächeninhalt: $A(\sqrt{4{,}5}) = -\frac{4}{3} \cdot 4{,}5^2 + 12 \cdot 4{,}5$

$$\underline{\underline{A(\sqrt{4{,}5}) = 27}}$$

Der maximale Flächeninhalt eines solchen Rechteckes beträgt 27 FE.

c) Skizze:

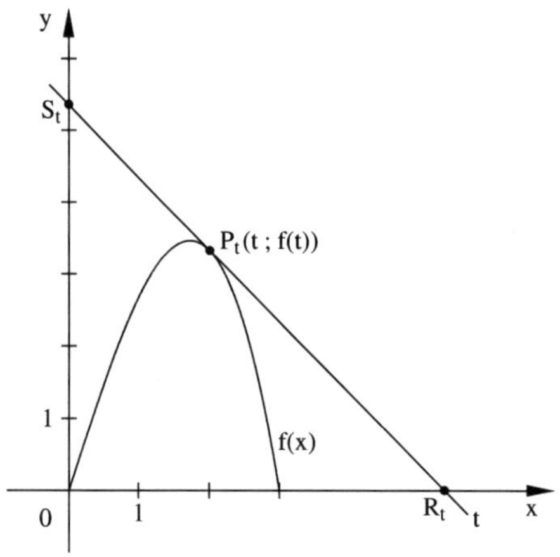

Gleichung der Tangente t: $y = m_t x + n$

$f'(x) = -x^2 + 3 \quad \Rightarrow \quad m_t = f'(t) = -t^2 + 3$

mit $P_t\left(t; -\frac{1}{3}t^3 + 3t\right)$ folgt $-\frac{1}{3}t^3 + 3t = (-t^2 + 3)\cdot t + n$

$$n = \frac{2}{3}t^3$$

$$\Rightarrow \quad \underline{\underline{t: y = (-t^2 + 3)\,x + \frac{2}{3}t^3}}$$

R_t ... Schnittpunkt von t mit der x-Achse:

$$0 = (-t^2 + 3)\cdot x + \frac{2}{3}t^3$$

$$x = \frac{-2t^3}{9 - 3t^2} \quad \Rightarrow \quad \underline{\underline{R_t\left(\frac{-2t^3}{9 - 3t^2}; 0\right)}}$$

S_t ... Schnittpunkt von t mit der y-Achse:

$$\underline{\underline{S_t\left(0; \frac{2}{3}t^3\right)}}$$

Das Dreieck OR_tS_t ist gleichschenklig, wenn

$$\overline{OR_t} = \overline{OS_t}, \text{ d.h. wenn}$$

$$\frac{-2t^3}{9 - 3t^2} = \frac{2t^3}{3}$$

$$-(9 - 3t^2) = 3$$

$$3t^2 = 12$$

$$t^2 = 4$$

$$\underline{\underline{t_1 = 2}}$$

$$t_2 = -2 \quad \text{entfällt, da } \sqrt{3} < t < 3$$

Für t = 2 ist das Dreieck OR_tS_t gleichschenklig.

In einem kartesischen Koordinatensystem sind die Punkte A(2; –1; 3) und B(8; 3; –1) sowie die Gerade h durch die Gleichung

$$\vec{x} = \begin{pmatrix} 0 \\ -9 \\ 9 \end{pmatrix} + s \cdot \begin{pmatrix} 3 \\ 2 \\ -2 \end{pmatrix} \quad (s \in \mathbb{R})$$

gegeben.

a) Die Gerade g verläuft durch die Punkte A und B.
Zeigen Sie, dass die Gerade g und h parallel zueinander sind.
Die Geraden g und h liegen in einer Ebene E.
Stellen Sie eine Gleichung der Ebene E auf. (3 BE)

b) Die Strecke $\overline{AB}$ ist die Basisseite eines gleichschenkligen Dreiecks ABC, dessen Punkt C auf der Geraden h liegt.
Berechnen Sie die Koordinaten des Punktes C. (3 BE)

c) Berechnen Sie die Koordinaten des Durchstoßpunktes D der Geraden h mit der x-y-Ebene.
Durch den Punkt D verlaufen Geraden mit Richtungsvektor (2; u; 0) ($u \in \mathbb{R}$).
Ermitteln Sie den Wert u für den die zugehörige Gerade n senkrecht zur Geraden h verläuft.
Geben Sie die Lage der Geraden n bezüglich der x-y-Ebene an. (4 BE)

(10 BE)

bekannt: A(2; –1; 3)
B(8; 3; –1)

$$h:\ \vec{x} = \begin{pmatrix} 0 \\ -9 \\ 9 \end{pmatrix} + s \begin{pmatrix} 3 \\ 2 \\ -2 \end{pmatrix} \qquad (s \in \mathbb{R})$$

a) $$g:\ \vec{x} = \begin{pmatrix} 2 \\ -1 \\ 3 \end{pmatrix} + t \cdot \begin{pmatrix} 6 \\ 4 \\ -4 \end{pmatrix} \qquad (t \in \mathbb{R})$$

Nachweis, dass g ∥ h:

$$\begin{pmatrix} 6 \\ 4 \\ -4 \end{pmatrix} = w \cdot \begin{pmatrix} 3 \\ 2 \\ -2 \end{pmatrix} \quad \text{für } w = 2$$

⇒ Der Richtungsvektor der Geraden g ist parallel zum Richtungsvektor der Geraden h.
⇒ g ∥ h oder g identisch mit h

$$A \in h?\ \begin{pmatrix} 2 \\ -1 \\ 3 \end{pmatrix} = \begin{pmatrix} 0 \\ -9 \\ 9 \end{pmatrix} + s \begin{pmatrix} 3 \\ 2 \\ -2 \end{pmatrix} \left.\begin{matrix} s_1 = \frac{2}{3} \\ s_2 = 4 \\ s_3 = 3 \end{matrix}\right\} \quad s_1 \neq s_2 \neq s_3 \quad \begin{matrix} \Rightarrow & A \notin h \\ \Rightarrow & \underline{\underline{g \parallel h}} \end{matrix}$$

Ebenengleichung: $$E:\ \vec{x} = \begin{pmatrix} 0 \\ -9 \\ 9 \end{pmatrix} + u \begin{pmatrix} 3 \\ 2 \\ -2 \end{pmatrix} + w \begin{pmatrix} 2-0 \\ -1+9 \\ 3-9 \end{pmatrix}$$

$$E:\ \vec{x} = \begin{pmatrix} 0 \\ -9 \\ 9 \end{pmatrix} + u \begin{pmatrix} 3 \\ 2 \\ -2 \end{pmatrix} + w \begin{pmatrix} 2 \\ 8 \\ -6 \end{pmatrix} \qquad (u, w \in \mathbb{R})$$

b) Skizze:

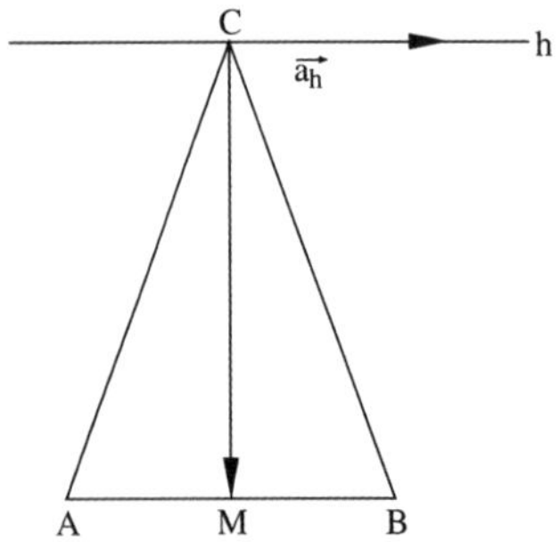

M(5, 1; 1)

$C \in h$, d. h. Koordinaten des Punktes C erfüllen die Gleichung der Geraden h.

$$\begin{pmatrix} x_c \\ y_c \\ z_c \end{pmatrix} = \begin{pmatrix} 0 \\ -9 \\ 9 \end{pmatrix} + s \begin{pmatrix} 3 \\ 2 \\ -2 \end{pmatrix} \quad \text{bzw.} \quad \begin{aligned} x_c &= 3s && \text{(I)} \\ y_c &= -9+2s && \text{(II)} \\ z_c &= 9-2s && \text{(III)} \end{aligned}$$

Außerdem gilt für das gleichschenklige Dreieck ABC:

$$\overrightarrow{CM} \perp \vec{a}_h \qquad \vec{a}_h \text{ ... Richtungsvektor der Geraden h}$$

$$\Rightarrow \quad \overrightarrow{CM} \cdot \vec{a}_h = 0$$

$$\begin{pmatrix} 5-x_c \\ 1-y_c \\ 1-z_c \end{pmatrix} \cdot \begin{pmatrix} 3 \\ 2 \\ -2 \end{pmatrix} = 0 = (5-x_c)\cdot 3 + (1-y_c)\cdot 2 + (1-z_c)\cdot(-2)$$

mit (I) – (III) folgt: $0 = (5-3s)\cdot 3 + (10-2s)\cdot 2 + (-8+2s)\cdot(-2)$

$$0 = 51 - 17s$$

$$\underline{s = 3} \quad \Rightarrow \quad \underline{\underline{C(9; -3; 3)}}$$

c) D ... Durchstoßpunkt der Geraden h durch die x-y-Ebene bedeutet:

$$z = 0 = 9 - 2s$$

$$\underline{s = \frac{9}{2}} \quad \Rightarrow \quad \underline{\underline{D\left(\frac{27}{2}; 0; 0\right)}}$$

Gleichung der Geraden n: $\vec{x} = \begin{pmatrix} \frac{27}{2} \\ 0 \\ 0 \end{pmatrix} + v \begin{pmatrix} 2 \\ u \\ 0 \end{pmatrix} (v \in \mathbb{R})$

n ⊥ h bedeutet:
$$\vec{a}_n \circ \vec{a}_h = 0$$
$$\begin{pmatrix} 3 \\ 2 \\ -2 \end{pmatrix} \circ \begin{pmatrix} 2 \\ u \\ 0 \end{pmatrix} = 0$$
$$6 + 2u = 0$$
$$\underline{\underline{u = -3}}$$

$$\Rightarrow \quad n\colon \vec{x} = \begin{pmatrix} \frac{27}{2} \\ 0 \\ 0 \end{pmatrix} + v \begin{pmatrix} 2 \\ -3 \\ 0 \end{pmatrix}$$

Lagebeziehung zur x-y-Ebene:

Die Gerade n liegt in der x-y-Ebene, da D in der x-y-Ebene liegt und der Richtungsvektor der Geraden n die z-Koordinate 0 hat.

Grundkurs Mathematik (Sachsen): Abiturprüfung 1999
Pflichtaufgabe A – Analysis

Gegeben sind die Funktionen f und g durch

$$y = f(x) = \frac{1}{8}x^3 - \frac{3}{4}x^2 \ (x \in \mathbb{R}) \text{ und}$$

$$y = g(x) = -x \cdot e^{\left(-\frac{x}{4}+1\right)} \ (x \in \mathbb{R}).$$

Die Gerade w ist Tangente an den Graphen der Funktion f in dessen Wendepunkt (Wendetangente).

a) Geben Sie die Nullstelle der Funktion f an.
Geben Sie die Koordinaten der lokalen Extrempunkte und die Art der Extrema der Funktion f an.
Ermitteln sie rechnerisch eine Gleichung der Wendetangente w.

Hinweis: Auf die Überprüfung einer hinreichenden Bedingung für die Existenz des Wendepunktes kann verzichtet werden. (7 BE)

b) Die Gerade h verläuft durch den Wendepunkt des Graphen der Funktion f und ist orthogonal zur Wendetangente w.
Durch die Geraden h und w und die x-Achse wird ein Dreieck bestimmt.
Durch die Geraden h und w und die y-Achse wird ein weiteres Dreieck bestimmt.
Weisen Sie rechnerisch nach, dass beide Dreiecke den gleichen Flächeninhalt haben. (5 BE)

c) Die Graphen der Funktionen f und g besitzen genau zwei gemeinsame Punkte $S_1(x_1; y_1)$ und $S_2(4; y_2)$.
Ermitteln Sie die Koordinaten dieser Punkte.
Zeigen Sie rechnerisch, dass die Graphen der Funktionen f und g nur in einem der beiden Punkte denselben Anstieg haben. (5 BE)

d) Weisen Sie nach, dass die Funktion G mit

$$y = G(x) = 4 \cdot (x+4) \cdot e^{\left(-\frac{x}{4}+1\right)} (x \in \mathbb{R})$$

eine Stammfunktion der Funktion g ist.
Ermitteln Sie eine Gleichung derjenigen Stammfunktion G_1 der Funktion g, deren Graph durch den Punkt P(4; –4) verläuft.
Die Graphen der Funktionen f und g begrenzen eine Fläche vollständig.
Ermitteln Sie den Inhalt dieser Fläche. (6 BE)

e) Für jedes u ($u \in \mathbb{R}$, $0 < u < 4$) schneidet die Gerade mit der Gleichung $x = u$ den Graphen der Funktion f im Punkt P_u und den Graphen der Funktion g im Punkt Q_u. Für genau einen Wert u wird die Länge $\ell(u)$ der Strecke $\overline{P_u Q_u}$ maximal.

Bestimmen Sie eine Gleichung der Zielfunktion ℓ und ermitteln Sie die maximale Streckenlänge.

Hinweis: Auf die Überprüfung einer hinreichenden Bedingung für die Existenz des lokalen Extremums kann verzichtet werden. (2 BE)

(25 BE)

Lösungen

a) Nullstellen: $f(x_N) = 0$

$$0 = \frac{1}{8}x_N^{\,3} - \frac{3}{4}x_N^{\,2}$$

$$0 = x_N^{\,2}\left(\frac{1}{8}x_N - \frac{3}{4}\right)$$

$$0 = \frac{1}{8}x_N - \frac{3}{4}$$

$$\underline{\underline{x_{N_1} = 0}} \qquad \underline{\underline{x_{N_2} = 6}}$$

Extrempunkte: $f'(x) = \frac{3}{8}x^2 - \frac{3}{2}x$

$$f''(x) = \frac{3}{4}x - \frac{3}{2}$$

$$f'(x_E) = 0$$

$$0 = \frac{3}{8}x_E^{\,2} - \frac{3}{2}x_E$$

$$0 = x_E\left(\frac{3}{8}x_E - \frac{3}{2}\right)$$

$$\underline{x_{E_1} = 0} \qquad \underline{y_{E_1} = f(x_{E_1}) = 0} \qquad \underline{\underline{E_1(0;0)}}$$

$$0 = \frac{3}{8}x_E - \frac{3}{2}$$

$$\underline{x_{E_2} = 4} \qquad \underline{y_{E_2} = f(x_{E_2}) = -4} \qquad \underline{\underline{E_2(4;-4)}}$$

$$f''(x_{E_1}) = -\frac{3}{2} < 0 \qquad \Rightarrow \text{lokales Maximum}$$

$$f''(x_{E_2}) = \frac{3}{4}\cdot 4 - \frac{3}{2} = \frac{3}{2} > 0 \qquad \Rightarrow \text{lokales Minimum}$$

Wendetangente w: $f''(x_W) = 0$

$$0 = \frac{3}{4}x_W - \frac{3}{2}$$

$$\underline{x_W = 2} \qquad \underline{y_W = -2} \qquad \underline{\underline{W(2;-2)}}$$

w: $y = m_w \cdot x + n_w$

mit $m_w = f'(x_W) = \frac{3}{8}\cdot 2^2 - \frac{3}{2}\cdot 2 = -\frac{3}{2}$

und $W \in w$ folgt:

$$-2 = -\frac{3}{2}\cdot 2 + n_w$$

$$n_w = 1$$

$$w: \quad \underline{\underline{y = -\frac{3}{2}x + 1}}$$

b) Skizze:

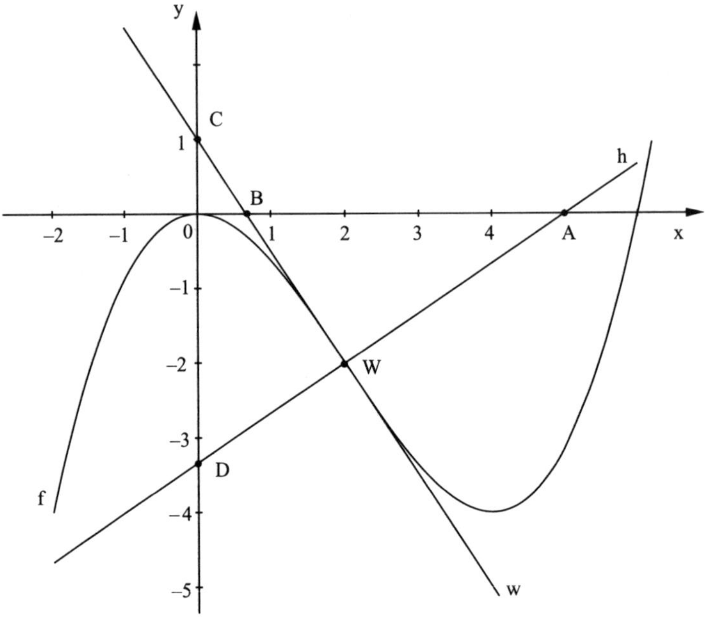

Gleichungen der Gerade h: mit $m_h = -\frac{1}{m_w} = \frac{2}{3}$

und $W \in h$ folgt:

$$y_W = m_h \cdot x_W + n_h$$

$$-2 = \frac{2}{3} \cdot 2 + n_h$$

$$n_h = -\frac{10}{3}$$

$$\underline{\underline{h: \quad y = \frac{2}{3}x - \frac{10}{3}}}$$

Nullstelle von h: $0 = \frac{2}{3}x_A - \frac{10}{3}$

$$x_A = 5 \Rightarrow A(5;0)$$

Nullstelle von w: $0 = -\frac{3}{2}x_B + 1$

$$x_B = \frac{2}{3} \Rightarrow B\left(\frac{2}{3};0\right)$$

Flächeninhalt eines Dreiecks: $A = \frac{1}{2} g \cdot h_g$

ΔABW: $g = x_A - x_B = \frac{13}{3}$

$h_g = |y_w| = 2$

ΔCDW: $g = n_w - n_h = \frac{13}{3}$

$h_g = x_w = 2$

Folgerung: Da beide Dreiecke in den Längen der Grundseiten und in den Längen der entsprechenden Höhen übereinstimmen, haben sie den gleichen Flächeninhalt.

c) Schnittpunkte von f und g:

$$f(x_S) = g(x_S)$$

$$\frac{1}{8} x_S^3 + \frac{3}{4} x_S^2 = -x_S \cdot e^{\left(-\frac{x_S}{4}+1\right)}$$

$\underline{\underline{S_1(0; 0)}}$, $\underline{\underline{S_2(4; -4)}}$ } mit GTR ermittelt (Graphen gezeichnet und Schnittpunkte bestimmt)

Vergleich der Anstiege:

$$g'(x) = -e^{\left(-\frac{x}{4}+1\right)} + (-x) \cdot \left(-\frac{1}{4}\right) \cdot e^{\left(-\frac{x}{4}+1\right)} = e^{\left(-\frac{x}{4}+1\right)} \cdot \left(\frac{x}{4} - 1\right)$$

$g'(0) = -e \quad \neq \quad f'(0) = 0$

$g'(4) = 0 \quad = \quad f'(4) = 0$

Schlussfolgerung: Die Graphen der Funktionen f und g haben nur im Punkt $S_2(4; -4)$ denselben Anstieg.

d) G ist Stammfunktion von g, wenn gilt:

$G'(x) = g(x)$, also

$$\left[4(x+4)\cdot e^{\left(-\frac{x}{4}+1\right)}\right]' = 4\cdot e^{\left(-\frac{x}{4}+1\right)} + 4(x+4)\cdot\left(-\frac{1}{4}\right)\cdot e^{\left(-\frac{x}{4}+1\right)}$$

$$= e^{\left(-\frac{x}{4}+1\right)}(4-x-4)$$

$$= -x\cdot e^{\left(-\frac{x}{4}+1\right)} = g(x) \qquad \text{w. A.}$$

$\Rightarrow$ G ist Stammfunktion von g.

Spezielle Stammfunktion durch Einsetzen von P in G:

$$-4 = 4(4+4)\cdot e^{\left(-\frac{4}{4}+1\right)} + c$$

$$c = -4-32$$

$$c = -36$$

$$G_1(x) = 4(x+4)\cdot e^{\left(-\frac{x}{4}+1\right)} - 36 \quad (x \in \mathbb{R})$$

Flächeninhalt:

$$A = \int_0^4 [f(x) - g(x)]dx$$

$$A = \int_0^4 \left[\left(\frac{1}{8}x^3 - \frac{3}{4}x^2\right) - \left(-x\cdot e^{\left(-\frac{x}{4}+1\right)}\right)\right]dx$$

$$A = \left[\frac{1}{32}x^4 - \frac{1}{4}x^3 - 4(x+4)e^{\left(-\frac{x}{4}+1\right)}\right]_0^4$$

$$A \approx (-40) - (-43{,}5)$$

$$A \approx 3{,}5$$

Der Inhalt der gesuchten Fläche beträgt 3,5 FE.

e) Skizze:

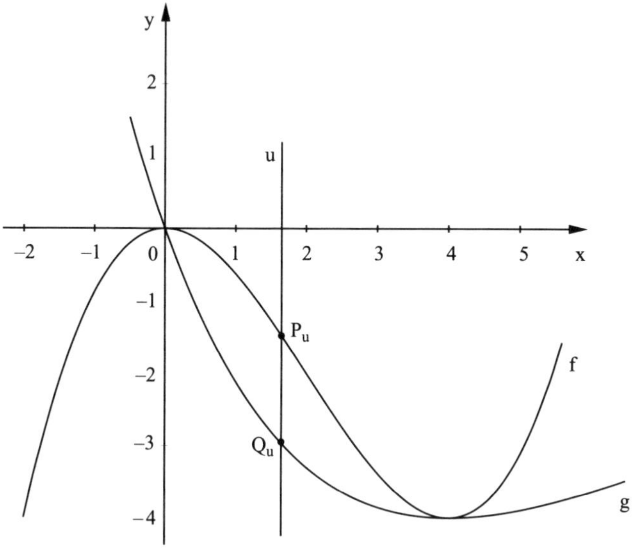

$\ell\left(\overline{P_u Q_u}\right) = y_P - y_Q$ mit $y_P = f(u)$ und $y_Q = g(u)$

$$\ell(u) = \frac{1}{8}u^3 - \frac{3}{4}u^2 + u\,e^{\left(-\frac{u}{4}+1\right)}$$

$\left.\begin{array}{r} u \approx 1{,}3 \\ \underline{\underline{\ell(u) \approx 1{,}56}} \end{array}\right\}$ mittels GTR ermittelt ($\ell(u)$ gezeichnet und Maximum bestimmt, wobei $u = x_{max}$ und $\ell(u) = y_{max}$ sind)

Grundkurs Mathematik (Sachsen): Abiturprüfung 1999
Pflichtaufgabe B – Geometrie / Algebra

In einem kartesischen Koordinatensystem sind vier in der Ebene E liegende Punkte A(3; 0; –1), B(4; –1; –2), C(–1; 3; 1) und D(–4; 6; 4) sowie die Punkte $P_t\left(2; t; -\frac{2}{3}t\right)$ $(t \in \mathbb{R})$ gegeben.

a) Weisen Sie nach, dass das Viereck ABCD ein Trapez und kein Parallelogramm ist.
Zeigen Sie rechnerisch, dass das Viereck ABCD keinen rechten Winkel hat. (6 BE)

b) Ermitteln Sie die Koordinaten desjenigen Punktes P_t, der in der Ebene E liegt.
Untersuchen Sie, ob dieser Punkt Diagonalschnittpunkt des Trapezes ABCD ist. (6 BE)

c) Ermitteln Sie die Länge der Strecke $\overline{CD}$.
Auf der Geraden durch die Punkte C und D existiert ein Punkt C_1 so, dass das Trapez ABC_1D den doppelten Flächeninhalt wie das Trapez ABCD hat.
Berechnen Sie die Koordinaten des Punktes C_1. (3 BE)

(15 BE)

a) Das Viereck ABCD ist ein Trapez und kein Parallelogramm, wenn es nur ein Paar paralleler Gegenseiten gibt:

$$\overrightarrow{AB}=\begin{pmatrix}1\\-1\\-1\end{pmatrix}\quad \overrightarrow{BC}=\begin{pmatrix}-5\\4\\3\end{pmatrix}\quad \overrightarrow{CD}=\begin{pmatrix}-3\\3\\3\end{pmatrix}\quad \overrightarrow{DA}=\begin{pmatrix}7\\-6\\-5\end{pmatrix}$$

$\overrightarrow{AB}=-\frac{1}{3}\overrightarrow{CD}$ $\Rightarrow$ $\overrightarrow{AB}$ ist ein Vielfaches von $\overrightarrow{CD}$

$\Rightarrow$ $\overrightarrow{AB} \parallel \overrightarrow{CD}$

$\overrightarrow{BC}=r\cdot\overrightarrow{DA}$ $\Rightarrow$ Es gibt kein r, welches diese Gleichung erfüllt.

$\Rightarrow$ $\overrightarrow{BC} \nparallel \overrightarrow{DA}$

$\Rightarrow$ Das Viereck hat nur ein Paar paralleler Gegenseiten. Es ist also ein Trapez.

Skizze:

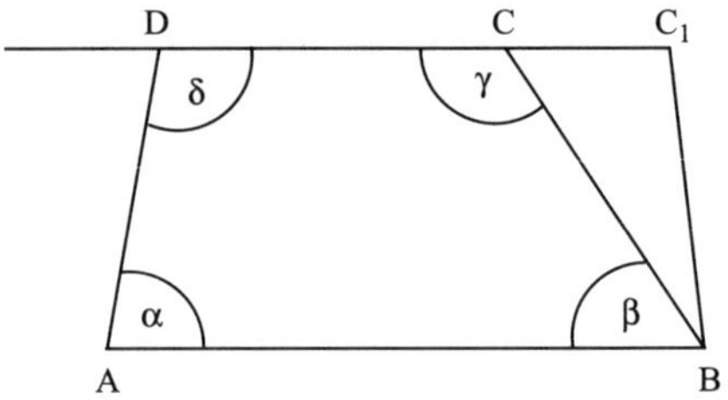

Das Viereck hätte rechte Winkel, wenn das Skalarprodukt von Vektoren benachbarter Seiten Null wäre.

$$\overrightarrow{BA}\circ\overrightarrow{BC}=\begin{pmatrix}-1\\1\\1\end{pmatrix}\circ\begin{pmatrix}-5\\4\\3\end{pmatrix}=5+4+3=12\neq 0$$

$\Rightarrow \overrightarrow{BA} \not\perp \overrightarrow{BC}$, also $\beta \neq 90°$

$\Rightarrow \overrightarrow{CB} \not\perp \overrightarrow{CD}$, also $\gamma \neq 90°$ (denn $\beta+\gamma=180°$)

$$\overrightarrow{AB}\circ\overrightarrow{AD}=\begin{pmatrix}1\\-1\\-1\end{pmatrix}\circ\begin{pmatrix}-7\\6\\5\end{pmatrix}=-7-6-5=-18\neq 0$$

$\Rightarrow \overrightarrow{AB} \not\perp \overrightarrow{AD}$, also $\alpha \neq 90°$

$\Rightarrow \overrightarrow{DA} \not\perp \overrightarrow{DC}$, also $\delta \neq 90°$ (denn $\alpha+\delta=180°$)

Ergebnis: Das Viereck ABCD hat keinen rechten Winkel.

b) E: $\vec{x} = \begin{pmatrix} 3 \\ 0 \\ -1 \end{pmatrix} + r \begin{pmatrix} 1 \\ -1 \\ -1 \end{pmatrix} + s \begin{pmatrix} -4 \\ 3 \\ 2 \end{pmatrix} \quad (r, s \in \mathbb{R})$

1. Weg:

$\vec{n} \circ \begin{pmatrix} 1 \\ -1 \\ -1 \end{pmatrix} = 0$ und $\vec{n} \circ \begin{pmatrix} -4 \\ 3 \\ 2 \end{pmatrix} = 0$

$n_1 - n_2 - n_3 = 0$ und $-4n_1 + 3n_2 + 2n_3 = 0$

Wahl $n_1 = 1$

$$\begin{array}{lrl} \text{also} & 1 - n_2 - n_3 = 0 & \mid \cdot 2 \downarrow \\ \text{und} & -4 + 3n_2 + 2n_3 = 0 & \mid \quad + \\ \hline & -2 + n_2 = 0 & \\ & n_2 = 2 & \\ & n_3 = 1 - n_2 = -1 & \\ & \vec{n} = \begin{pmatrix} 1 \\ 2 \\ -1 \end{pmatrix} & \end{array}$$

Allgemeine Form der Ebene: $x + 2y - z = 4$

$P_t\left(2; t; -\frac{2}{3}t\right)$ in E: $2 + 2t + \frac{2}{3}t = 4$

$$\frac{8}{3}t = 2$$

$$\underline{t = \frac{3}{4}}$$

$$\Rightarrow \underline{\underline{P_{\frac{3}{4}}\left(2; \frac{3}{4}; -\frac{1}{2}\right)}}$$

2. Weg: P_t in E einsetzen:

$$\begin{array}{lrl} \text{(I)} & 2 = & 3 + r - 4s \\ \text{(II)} & t = & \quad - r + 3s \quad \downarrow + \\ \text{(III)} & -\frac{2}{3}t = & -1 - r + 2s \quad \downarrow + \\ \hline \text{(I) + (II)} & 2 + t = & 3 \quad - s \quad \cdot(-2) \\ \text{(I) + (III)} & 2 - \frac{2}{3}t = & 2 \quad - 2s \quad \downarrow + \\ \hline & -2 - \frac{8}{3}t = & -4 \\ & -\frac{8}{3}t = & -2 \end{array}$$

$$\underline{t = \frac{3}{4}} \quad \Rightarrow \quad \underline{\underline{P_{\frac{3}{4}}\left(2; \frac{3}{4}; -\frac{1}{2}\right)}}$$

Diagonalengleichungen:

$$g_{AC}\colon\ \vec{x}=\begin{pmatrix}3\\0\\-1\end{pmatrix}+t\begin{pmatrix}-4\\3\\2\end{pmatrix}$$

$$g_{BD}\colon\ \vec{x}=\begin{pmatrix}4\\-1\\-2\end{pmatrix}+u\begin{pmatrix}-8\\7\\6\end{pmatrix}\quad (u, t \in \mathbb{R})$$

Schnitt der Geraden:

$$\begin{array}{llcll} \text{(I)} & 3-4t & = & 4-8u & \uparrow + \\ \text{(II)} & 0+3t & = & -1+7u & \\ \text{(III)} & -1+2t & = & -2+6u & \cdot 2 \\ \hline \end{array}$$

$$\begin{array}{ll} \text{(I)}+2\cdot\text{(III)} & 1=4u \\ & u=\frac{1}{4} \\ \text{in (II)} & 3t=-1+\frac{7}{4} \\ & t=\frac{1}{4} \end{array}$$

$$\left.\begin{array}{ll} \text{u in } g_{BD}\colon & S_1\left(2;\frac{3}{4};-\frac{1}{2}\right) \\ \text{oder t in } g_{AC}\colon & S_2\left(2;\frac{3}{4};-\frac{1}{2}\right) \end{array}\right\} \begin{array}{l} \Rightarrow S_1=S_2=P_{\frac{3}{4}} \\ \Rightarrow \underline{\underline{P_{\frac{3}{4}} \text{ ist Diagonalschnittpunkt}}} \end{array}$$

c) $\overline{CD}=|\overrightarrow{CD}|=\sqrt{(-3)^2+3^2+3^2}=\sqrt{27}=\underline{\underline{3\sqrt{3}}}$

Siehe Skizze bei a

$$A_{ABCD}=\frac{|\overrightarrow{AB}|+|\overrightarrow{DC}|}{2}\cdot h$$

$$A_{ABC_1D}=\frac{|\overrightarrow{AB}|+|\overrightarrow{DC_1}|}{2}\cdot h$$

da h bei beiden Trapezen gleich ist und $A_{ABC_1D}=2A_{ABCD}$ gilt:

$$|\overrightarrow{AB}|+|\overrightarrow{DC}|=\frac{1}{2}\left(|\overrightarrow{AB}|+|\overrightarrow{DC_1}|\right)$$

also $|\overrightarrow{DC_1}| = |\overrightarrow{AB}| + 2|\overrightarrow{DC}|$

$$|\overrightarrow{DC_1}| = \sqrt{3} + 6\sqrt{3} = 7\sqrt{3}$$

$$\overrightarrow{DC_1} = \frac{7}{3}\overrightarrow{DC}$$

$$\overrightarrow{OC_1} = \overrightarrow{OD} + \frac{7}{3}\overrightarrow{DC}$$

$$\overrightarrow{OC_1} = \begin{pmatrix} -4 \\ 6 \\ 4 \end{pmatrix} + \frac{7}{3}\begin{pmatrix} 3 \\ -3 \\ -3 \end{pmatrix} = \begin{pmatrix} 3 \\ -1 \\ -3 \end{pmatrix} \Rightarrow \underline{\underline{C_1(3;-1;-3)}}$$

Grundkurs Mathematik (Sachsen): Abiturprüfung 1999
Pflichtaufgabe C – Stochastik

Die eingehenden Leserbriefe einer Jugendzeitschrift beschäftigen sich erfahrungsgemäß zu 45 % mit Thema „Liebe und Sexualität", zu 25 % mit Thema „Musik", zu 15 % mit Thema „Sport" und zu 15 % mit dem Thema „Sonstiges". Es wird angenommen, dass sich jeder Brief genau einem der vier Themen zuordnen lässt.

a) Die eingehenden Zuschriften werden im Verlag auf vier in einer Reihe liegende Stapel sortiert, wobei jeder Stapel ein Thema repräsentiert.
Wie viele verschiedene Anordnungen der Stapel in dieser Reihe sind möglich? (1 BE)

b) Die Zeitschrift lost unabhängig vom Thema unter allen Leserbriefen eines bestimmten Zeitraumes 5 Preise aus.
Ermitteln Sie jeweils die Wahrscheinlichkeit folgender Ereignisse:
Ereignis E: Alle 5 Preise gehen an Zuschriften zum Thema „Liebe und Sexualität";
Ereignis F: Mindestens ein Preis geht an die Zuschrift zum Thema „Musik". (2 BE)

c) Jacqueline, die Sportredakteurin der Zeitschrift, benötigt dringend 5 Zuschriften zum Thema „Sport".
Sie entnimmt der noch nicht sortierten Post 20 Zuschriften.
Wie viele Zuschriften zum Thema „Sport" kann sie dabei erwarten?
Wie viele Zuschriften müsste sie der laufenden Post entnehmen, damit sie mit einer Wahrscheinlichkeit von mindestens 95 % wenigstens eine Zuschrift zum Thema „Sport" erhält? (3 BE)

d) Die Zeitschrift organisiert wöchentlich eine TV-Show, bei der ein Gast am Ende der Show genau einmal ein Glücksrad dreht, welches in 20 gleich große, von 1 bis 20 nummerierte Sektoren eingeteilt ist. Trifft der Gast den Sektor „1", so gewinnt er eine Reise für 2000 DM, trifft er einen Sektor, dessen Nummer die Ziffer 2 enthält, gewinnt er einen Disc-Man für 100 DM, bei allen anderen Sektoren eine Blümchen-CD für 30 DM.
Berechnen Sie den Geldbetrag, den die Zeitschrift langfristig pro Veranstaltung für die Gewinnbereitstellung einkalkulieren muss. (2 BE)

e) Jacqueline leiht ihrer Freundin Franziska 10 Exemplare der Zeitschrift, bei denen sich der Sportbeitrag in genau sechs Exemplaren mit dem Thema Fußball, in genau zwei Exemplaren mit dem Thema Basketball und in genau zwei Exemplaren mit dem Thema Judo beschäftigt. Die Zeitschriften sind nicht geordnet. Franziska, die ein absoluter Fußball-Fan ist, prüft nun nacheinander die Zeitschriften, bis sie den ersten Beitrag zum Thema Fußball findet.
Ermitteln Sie die Wahrscheinlichkeit, dass sie diesen Beitrag in der zweiten gezogenen Zeitschrift findet.
Ermitteln Sie die Wahrscheinlichkeit, dass sie diesen Beitrag erst in der fünften gezogenen Zeitschrift findet. (2 BE)

(10 BE)

Lösungen

a) Anzahl der Anordnungen: $4! = \underline{\underline{24}}$

b) $P(E) = 0{,}45^5 = \underline{\underline{0{,}0185}}$

X… Anzahl der Preise an Zuschriften zum Thema „Musik"
(X ist binomialverteilt mit p = 0,25 und n = 5)

$P(F) = P(X \geq 1) = 1 - P(X = 0)$

$P(F) = 1 - \binom{5}{0} \cdot 0{,}25^0 \cdot 0{,}75^5$

$\underline{\underline{P(F) = 0{,}7627}}$

c) Y… Anzahl der Zuschriften zum Thema „Sport"
(Y binomialverteilt mit n = 20 und p = 0,15)

$E(Y) = 20 \cdot 0{,}15 = \underline{\underline{3}}$

Sie kann 3 Zuschriften zum Thema „Sport" erwarten.

$$\begin{aligned} P(Y \geq 1) = 1 - P(Y = 0) &\geq 0{,}95 \\ P(Y = 0) &\leq 0{,}05 \\ \binom{n}{0} \cdot 0{,}15^0 \cdot 0{,}85^n &\leq 0{,}05 \\ 0{,}85^n &\leq 0{,}05 \\ n &\geq \frac{\ln 0{,}05}{\ln 0{,}85} \\ \underline{n} &\underline{\geq 18{,}4} \end{aligned}$$

$\Rightarrow$ Es müssen mindestens 19 Zeitschriften entnommen werden.

d) Z… Gewinn des Gastes in DM

$Z = z_i$	2000	100	30
$P(Z = z_i)$	$\frac{1}{20}$	$\frac{3}{20}$	$\frac{16}{20}$

$E(Z) = 2000 \cdot \frac{1}{20} + 100 \cdot \frac{3}{20} + 30 \cdot \frac{16}{20} = \underline{\underline{139}}$

Die Zeitschrift muss langfristig pro Veranstaltung 139 DM für den Gewinn bereitstellen.

e) P(Fußballbeitrag in 2. gezogener Zeitschrift) = $\frac{4}{10} \cdot \frac{6}{9} = \underline{\underline{\frac{4}{15}}}$

P(Beitrag erst in 5. Zeitschrift) = $\frac{4}{10} \cdot \frac{3}{9} \cdot \frac{2}{8} \cdot \frac{1}{7} = \underline{\underline{\frac{1}{210}}}$

Grundkurs Mathematik (Sachsen): Abiturprüfung 1999
Wahlaufgabe D1 – Analysis

Gegeben sind die Funktionen f durch

$$y = f(x) = \frac{4x}{x^2+1} \quad (x \in D_f)$$

und g durch

$$y = g(x) = 2 \cdot \ln(x^2+1) \ (x \in D_g).$$

a) Geben Sie für jede der beiden Funktionen den größtmöglichen Definitionsbereich sowie die Nullstellen an.
Untersuchen Sie die Funktion f auf Symmetrie ihres Graphen. (3 BE)

b) Unter allen Tangenten an den Graphen der Funktion f existiert genau eine mit maximalem Anstieg.
Ermitteln Sie eine Gleichung dieser Tangente. (2 BE)

c) Für jedes a ($a \in \mathbb{R}$, $a > 0$) ist eine Funktion f_a durch

$$y = f_a(x) = a \cdot \frac{4x}{x^2+1} \quad (x \in \mathbb{R}) \text{ gegeben.}$$

Weisen Sie nach, dass für jedes a die Funktion F_a mit
$y = F_a(x) = 2a \cdot \ln(x^2+1)$ $(x \in \mathbb{R})$
eine Stammfunktion der Funktion f_a ist.
Für jedes $a > 0$ wird durch den Graphen der Funktion f_a, die x-Achse und die Gerade mit der Gleichung $x = \sqrt{e-1}$ eine Fläche vollständig begrenzt.
Ermitteln Sie den Wert a, für den der Inhalt dieser Fläche 8 beträgt. (3 BE)

d) Ermitteln Sie mit dem grafikfähigen Taschenrechner (GTR) oder unter Verwendung der für die Funktion g(x) existierenden Stammfunktion G(x) mit
$G(x) = 2x \cdot \ln(x^2+1) + 4 \arctan x - 4x$
den Inhalt der Fläche, die von den Graphen der Funktionen f und g eingeschlossen wird.

Hinweis: Die Funktion $y = \arctan x$ $(x \in \mathbb{R})$
(Arcus-Tangens, GTR-Taste: $\boxed{\tan^{-1}}$)
ist die Umkehrfunktion zu $y = \tan x$ $\left(x \in \mathbb{R}, -\frac{\pi}{2} < x < \frac{\pi}{2}\right)$. (2 BE)

(10 BE)

Lösungen

a) Definitionsbereiche: $D_f = \{x \mid x \in \mathbb{R}\}$
$D_g = \{x \mid x \in \mathbb{R}\}$

Nullstellen:
$$f(x_N) = 0 = 4x_N$$
$$\underline{\underline{x_N = 0}}$$

$$g(x_N) = 0$$
$$1 = x_N^2 + 1$$
$$\underline{\underline{x_N = 0}}$$

Symmetrie:
$$f(-x) = \frac{-4x}{(-x)^2 + 1} = -\frac{4x}{x^2 + 1}$$
$$f(-x) = -f(x) \quad \Rightarrow \underline{\text{punktsymmetrisch zum Koordinatenursprung}}$$

b) Tangentengleichung t:

t: $y = m_t x + n$

$m_t = f'(x_0)$

$$f'(x) = \frac{4(x^2+1) - 4x \cdot 2x}{(x^2+1)^2}$$
$$f'(x) = \frac{4 - 4x^2}{(x^2+1)^2}$$

maximaler Anstieg bedeutet (1) $f''(x_0) = 0$

$$f''(x) = \frac{-8x(x^2+1)^{\not 2\, 1} - (4 - 4x^2) \cdot 2\cancel{(x^2+1)} \cdot 2x}{(x^2+1)^{\not 4\, 3}}$$
$$f''(x) = \frac{8x^3 - 24x}{(x^2+1)^3}$$
$$f''(x_0) = 0 = x_0(8x_0^2 - 24)$$
$$x_{0_{1,2}} = \pm\sqrt{3} \qquad x_{0_3} = 0$$

und (2) x_0 in $f'(x) \Rightarrow$
$$f'(\pm\sqrt{3}) = \frac{4 - 12}{4^2} = -\frac{1}{2}$$
$$\underline{f'(0) = 4 \Rightarrow \text{maximaler Anstieg}}$$

$\Rightarrow$ t: $y_0 = m_t x_0 + n$
mit $m_t = 4$
und $P_0(0; 0)$

$\Rightarrow$ $\underline{\underline{\text{t: } y = 4x}}$

c) F_a ist Stammfunktion der Funktion f_a, wenn $F_a' = f_a$.

$$F_a'(x) = [2a \cdot \ln(x^2 + 1)]'$$
$$= 2a \cdot \frac{1}{x^2 + 1} \cdot 2x$$
$$= a \cdot \frac{4x}{x^2 + 1} = f_a(x)$$

$\Rightarrow$ F_a ist Stammfunktion der Funktion f_a

Flächeninhalt:

$$A = \int_0^{\sqrt{e-1}} a \frac{4x}{x^2 + 1} dx$$
$$A = [2a \cdot \ln(x^2 + 1)]_0^{\sqrt{e-1}}$$
$$A = 2a\,(\ln(e - 1 + 1) - \ln 1)$$
$$A = 2a\,(\ln e - 0)$$
$$8 = 2a$$
$$\underline{\underline{a = 4}}$$

Für a = 4 ist der Inhalt der Fläche 8.

d) $A = \int_0^{x_1} [f(x) - g(x)]dx$

$x_1 = 1{,}28$ mit GTR ermittelt (Graphen gezeichnet und Schnittstellen bestimmt)

$A \approx 1{,}94 - 0{,}994$ mit GTR ermittelt

$\underline{\underline{A \approx 0{,}95}}$

Der Inhalt der Fläche, die von den Graphen beider Funktionen eingeschlossen wird, beträgt 0,95 FE.

oder:

$$A = \left[2\ln(x^2 + 1) - (2x \cdot \ln(x^2 + 1) + 4\arctan x - 4x)\right]_0^{1,28}$$

$\underline{\underline{A = 0{,}95}}$

Beachte: GTR auf Rad einstellen.

Grundkurs Mathematik (Sachsen): Abiturprüfung 1999
Wahlaufgabe D2 – Geometrie / Algebra

In einem kartesischen Koordinatensystem sind die Punkte A(4; 3; 0), $B\left(-1; \frac{1}{2}; 0\right)$ und C(5; 2; 0) gegeben.

a) Es existieren Kreise in der x-y-Koordinatenebene, die durch die Punkte A und B gehen.
Ermitteln Sie eine Gleichung für die Menge aller Mittelpunkte dieser Kreise. (2 BE)

Es gibt genau einen Kreis k, bei dem die Strecke $\overline{AB}$ Durchmesser ist.

b) Stellen Sie eine Gleichung des Kreises k auf.
Untersuchen Sie rechnerisch die Lage des Punktes C bezüglich des Kreises k. (2 BE)

c) Der Kreis k ist der Grundkreis eines geraden Kreiskegels K mit der Spitze S(x; y; z > 0) und mit einem Volumen von $\frac{125}{8}\pi$.
Bestimmen Sie die Koordinaten des Punktes S.
Berechnen Sie die Größe des Winkels zwischen einer Mantellinie des Kreiskegels K und der Grundkreisebene (Neigungswinkel des Kreiskegels).
Durch parallel in Richtung des Vektors $\begin{pmatrix}1\\1\\a\end{pmatrix}$ ($a \in \mathbb{R}$, $a < 0$) einfallendes Licht wird für bestimmte Werte von a von dem lichtundurchlässigen Kreiskegel K ein „Schatten" in der x-y-Koordinatenebene erzeugt.
Ermitteln Sie alle Werte a, für die ein solcher Schatten entsteht. (6 BE)

(10 BE)

Lösungen

a) Mittelpunkte der Kreise liegen auf der Mittelsenkrechten der Strecke $\overline{AB}$.
Gleichung der Mittelsenkrechten $m_{\overline{AB}}$:

$$M_{\overline{AB}}\left(\frac{x_A + x_B}{2}; \frac{y_A + y_B}{2}\right) = M_{\overline{AB}}\left(\frac{3}{2}; \frac{7}{4}\right)$$

$$\overrightarrow{AB} = \begin{pmatrix} -5 \\ -\frac{5}{2} \end{pmatrix} \xrightarrow[\text{Vektor}]{\text{dazu senkrechter}} \vec{a} = \begin{pmatrix} \frac{5}{2} \\ -5 \end{pmatrix}$$

also $m_{\overline{AB}}$: $\vec{x} = \begin{pmatrix} \frac{3}{2} \\ \frac{7}{4} \end{pmatrix} + r\begin{pmatrix} \frac{5}{2} \\ -5 \end{pmatrix}$

oder: $\underline{\underline{\vec{x} = \begin{pmatrix} \frac{3}{2} \\ \frac{7}{4} \end{pmatrix} + r\begin{pmatrix} 1 \\ -2 \end{pmatrix}}}$ $(r \in \mathbb{R})$

b) $\overline{AB}$ Durchmesser

also $r = \frac{|\overrightarrow{AB}|}{2} = \frac{\sqrt{(-5)^2 + \left(-\frac{5}{2}\right)^2}}{2} = \sqrt{\frac{125}{16}}$

und $M = M_{\overline{AB}}$

$\Rightarrow$ k: $\underline{\underline{\left(x - \frac{3}{2}\right)^2 + \left(y - \frac{7}{4}\right)^2 = \frac{125}{16}}}$

C in k: $\left(5 - \frac{3}{2}\right)^2 + \left(2 - \frac{7}{4}\right)^2 \neq \frac{125}{16}$

$$\frac{197}{16} \neq \frac{125}{16} \Rightarrow \underline{\underline{C \notin k}}$$

c) $V = \frac{125}{8}\pi = \frac{1}{3}\pi r^2 h \quad \text{mit } r^2 = \frac{125}{16}$

$$\underline{h = 6} \Rightarrow \underline{\underline{S\left(\frac{3}{2}; \frac{7}{4}; 6\right)}}$$

Neigungswinkel $\alpha = \sphericalangle\,(\overrightarrow{AB}; \overrightarrow{AS})$

Skizze:

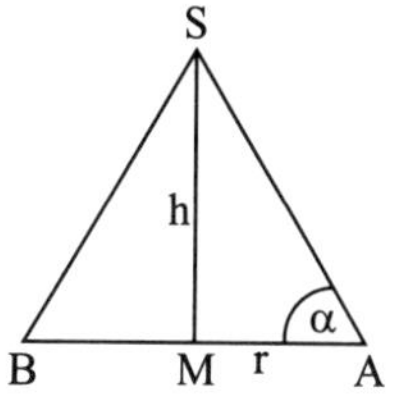

$$\tan\alpha = \frac{h}{r} = \frac{6}{\sqrt{\frac{125}{16}}}$$

$$\underline{\underline{\alpha \approx 65{,}0°}}$$

Gleichung einer Hilfsgeraden g durch S:

$$g: \quad \vec{x} = \begin{pmatrix} \frac{3}{2} \\ \frac{7}{4} \\ 6 \end{pmatrix} + t\begin{pmatrix} 1 \\ 1 \\ a \end{pmatrix} \qquad (t \in \mathbb{R};\, a < 0)$$

Schnittpunkt S' von g mit der x-y-Ebene (z = 0):

$0 = 6 + ta$

$t = -\frac{6}{a} \quad \Rightarrow S'\left(\frac{3}{2} - \frac{6}{a}; \frac{7}{4} - \frac{6}{a}; 0\right)$

Abstand S' von M:

$$\overline{S'M} = \left|\overrightarrow{S'M}\right|$$

$$\overrightarrow{S'M} = \begin{pmatrix} \frac{6}{a} \\ \frac{6}{a} \end{pmatrix}$$

$$\left|\overrightarrow{S'M}\right| = \sqrt{\frac{36}{a^2} + \frac{36}{a^2}} = \frac{1}{|a|}\sqrt{72}$$

Schatten wenn:

$$\left|\overrightarrow{S'M}\right| > r$$

$$\frac{1}{|\,a\,|}\sqrt{72} > \sqrt{\frac{125}{16}}$$

$$3{,}04 > |\,a\,|, \text{ da a aber } < 0$$

$$\Rightarrow \underline{\underline{-3{,}04 < a < 0}}$$

Grundkurs Mathematik (Sachsen): Abiturprüfung 2000
Pflichtaufgabe A – Analysis

Gegeben ist die Funktion f durch $y = f(x) = (x^2 - 2)e^{-x}$ $(x \in D_f)$.

a) Geben Sie für die Funktion f den größtmöglichen Definitionsbereich, die Nullstellen, die Koordinaten der lokalen Extrempunkte, die Art der Extrema und die Koordinaten der Wendepunkte an.
Zeigen Sie, dass der Graph der Funktion f nicht symmetrisch zur y-Achse ist.
Berechnen Sie die Größe des Winkels, unter dem der Graph der Funktion f die y-Achse schneidet.
Zeigen Sie, dass für alle x $(x \in D_f)$ gilt: $f(x) = 2e^{-x} - f''(x) - 2f'(x)$. (10 BE)

b) Beschreiben Sie ein rechnerisches Verfahren zur Ermittlung einer Gleichung der Tangente an den Graphen einer differenzierbaren Funktion in einem Punkt des Graphen.
Ermitteln Sie mit dem von Ihnen beschriebenen Verfahren eine Gleichung der Tangente t_1 an den Graphen der Funktion f im Punkt $S_1(-1; f(-1))$ und geben Sie eine Gleichung der Tangente t_2 an den Graphen der Funktion f im Punkt $S_2(0; -2)$ an.
Geben Sie die Koordinaten des Schnittpunkts der Tangenten t_1 und t_2 an. (6 BE)

c) Die Tangente t_2 (aus Aufgabenteil b), die x-Achse und der Graph der Funktion f begrenzen im IV. Quadranten eine Fläche vollständig.
Ermitteln Sie den Inhalt dieser Fläche. (3 BE)

d) Für jedes x_p mit $\sqrt{2} < x_p < 5$ wird durch den Koordinatenursprung, den Punkt $P_p(x_p; f(x_p))$ und den Punkt $Q_p(x_p; 0)$ ein Dreieck bestimmt.
Ermitteln Sie den Wert x_p, für den der Flächeninhalt dieses Dreiecks maximal wird, und geben Sie diesen maximalen Flächeninhalt an. (3 BE)

e) Eine Funktion g, deren Graph die x-Achse im Punkt P (1; 0) berührt, ist durch die Gleichung $y = g(x) = (x^2 + px + q)e^{-x}$ $(p; q; \in \mathbb{R}; x \in \mathbb{R})$ gegeben.
Bestimmen Sie die Werte p und q. (3 BE)

(25 BE)

Lösungen

a) Definitionsbereich: $\{x \mid x \in \mathbb{R}\}$

Nullstellen: $\underline{\underline{x_{N_1} = \sqrt{2}}}, \underline{\underline{x_{N_2} = -\sqrt{2}}}$

Extrempunkte: $\underline{\underline{E_{Max}(2,73; 0,36)}}$

$\underline{\underline{E_{Min}(-0,73; -3,04)}}$

Wendepunkte: $\underline{\underline{W_1(0; -2)}}$

$\underline{\underline{W_2(4; 0,26)}}$

Hinweis: Diese Lösungen sind nur unter Nutzung des GTR anzugeben. Es ist kein Lösungsweg verlangt.

Ohne GTR wäre diese Aufgabe wie folgt zu lösen:

Nullstellen:

$$f(x_N) = 0 = (x_N^2 - 2) \cdot \underbrace{e^{-x_N}}_{\neq 0}$$

$$0 = (x_N^2 - 2)$$

$$x_N^2 = 2$$

$$x_{N_{1;2}} = \pm\sqrt{2}$$

Extrempunkte:

$$f'(x) = e^{-x}(2x - x^2 + 2)$$

$$f''(x) = e^{-x}(-4x + x^2)$$

$$f'(x_E) = 0 = \underbrace{e^{-x_E}}_{\neq 0}(2x_E - x_E^2 + 2)$$

$$0 = -x_E^2 + 2x_E + 2$$

$$0 = x_E^2 - 2x_E - 2$$

$$x_{E_{1;2}} = 1 \pm \sqrt{1+2}$$

$$x_{E_1} = 1 + \sqrt{3} \approx 2,73 \qquad y_{E_1} = f(x_{E_1}) \approx 0,36 \qquad E_1(2,73; 0,36)$$

$$x_{E_2} = 1 - \sqrt{3} \approx -0,73 \qquad y_{E_2} = f(x_{E_2}) \approx -3,04 \qquad E_2(-0,73; -3,04)$$

$$f''(x_{E_1}) = e^{-2,73}(-4 \cdot 2,73 + 2,73) = -8,19 \cdot \underbrace{e^{-2,73}}_{>0} < 0 \qquad \Rightarrow \text{lokales Maximum}$$

$$f''(x_{E_2}) = e^{0,73}\left(-4 \cdot (-0,73) + (-0,73)^2\right) = 3,45 \cdot \underbrace{e^{0,73}}_{>0} > 0 \Rightarrow \text{lokales Minimum}$$

Wendepunkte:

$$f''(x_W) = 0 = \underbrace{e^{-x_W}}_{\neq 0}(-4x_W + x_W^2)$$

$$0 = -4x_W + x_W^2$$

$$0 = x_W(x_W - 4)$$

$x_{W_1} = 0 \qquad y_{W_1} = f(x_{W_1}) = -2 \qquad W_1(0; -2)$

$x_{W_2} = 4 \qquad y_{W_2} = f(x_{W_2}) = 14 \cdot e^{-4} \approx 0{,}26 \qquad W_2(4; 0{,}26)$

$$f'''(x) = -e^{-x}(-4x + x^2) + e^{-x}(-4 + 2x)$$
$$= e^{-x}(-x^2 + 6x - 4)$$

$$\left.\begin{array}{l} f'''(x_{W_1}) = e^0 \cdot (-4) = -4 \neq 0 \\ f'''(x_{W_2}) = 4e^{-4} \neq 0 \end{array}\right\} W_1, W_2 \text{ sind Wendepunkte}$$

Symmetrie: Symmetrisch zur y-Achse bedeutet $f(-x) = f(x)$.
$f(-x) = (x^2 - 2) \cdot e^x \neq f(x)$, d. h. der Graph ist nicht symmetrisch zur y-Achse.

α ... Schnittwinkel mit der y-Achse:

Skizze:

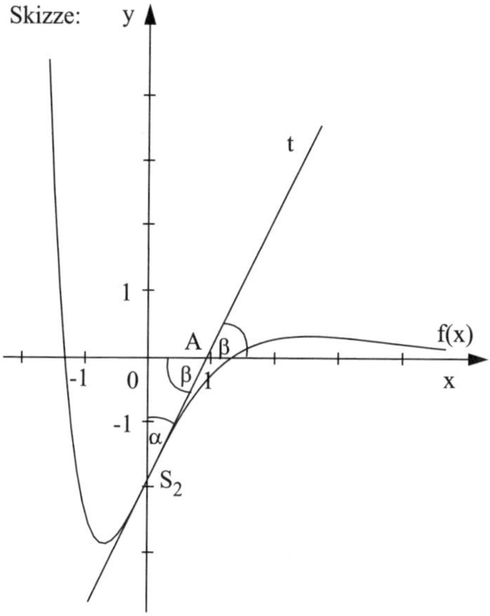

$$f'(x) = 2x \cdot e^{-x} + (x^2 - 2)(-e^{-x})$$

$$f'(x) = e^{-x}(2x - x^2 + 2)$$

m_t ... Anstieg der Tangente t:

$$m_t = f'(0) = 2$$

da $m_t = \tan\beta$

ist $\beta = 63{,}4°$

$$\alpha = 90° - \beta$$

$$\alpha = 90° - 63{,}4°$$

$$\underline{\underline{\alpha = 26{,}6°}}$$

Zu zeigen ist, dass für alle $x \in D_f$ gilt:

$$f(x) = 2 \cdot e^{-x} - f''(x) - 2f'(x)$$

mit $\quad f'(x) = e^{-x}\left(2x - x^2 + 2\right)$

und $\quad f''(x) = -e^{-x}\left(2x - x^2 + 2\right) + e^{-x}(2 - 2x)$

$$f''(x) = e^{-x}\left(-4x + x^2\right)$$

folgt $\quad f(x) = 2 \cdot e^{-x} - e^{-x}\left(-4x + x^2\right) - 2e^{-x}\left(2x - x^2 + 2\right)$

$$f(x) = e^{-x}\left(2 + 4x - x^2 - 4x + 2x^2 - 4\right)$$

$$\underline{\underline{f(x) = e^{-x}\left(x^2 - 2\right) \quad \text{w. A.}}}$$

b) Um die Gleichung der Tangenten zu ermitteln, welche die allgemeine Form $y = m \cdot x + n$ hat, benötigt man
   (1) den Anstieg der Tangenten im gegebenen Punkt P und
   (2) die Koordinaten des Punktes $P(x_p; y_p)$.

   Den Anstieg berechnet man als 1. Ableitung der Funktion an der Stelle x_p.
   Man ersetzt dann x und y in der allgemeinen Tangentengleichung durch x_p und y_p und den Anstieg m durch die 1. Ableitung der Funktion an der Stelle x_p. Durch Umstellen der Gleichung nach n berechnet man das Absolutglied. Abschließend notiert man die Tangentengleichung, indem m und n durch die berechneten Werte ersetzt werden.

   Für $S_1(-1; f(-1))$ mit $f(-1) = -e$ ergibt sich:

$$f'(-1) = e^1(-2 - 1 + 2) = -e$$

$$t: \quad y = m \cdot x + n$$

$$-e = -e \cdot (-1) + n$$

$$n = -2e$$

$$\underline{\underline{t_1: \quad y = -e \cdot x - 2e}}$$

   für $S_2(0; -2)$ ergibt sich:

$$\underline{\underline{t_2: \quad y = 2x - 2}}$$

   Koordinaten des Schnittpunktes S: $\underline{\underline{S(-0{,}73; -3{,}46)}}$

c) Skizze: siehe a)

$$A = \int_0^{\sqrt{2}} f(x)dx - A_{\Delta OS_2A}$$

Nullstelle von t_2: $0 = 2x_N - 2$

$\underline{x_N = 1}$

$$A_{\Delta 0S_2A} = \frac{1}{2}\left|y_{S_2}\right| \cdot x_N$$

$$A_{\Delta 0S_2A} = \frac{1}{2} \cdot 2 \cdot 1$$

$$\underline{A_{\Delta 0S_2A} = 1}$$

$$A_1 = \left| \int_0^{\sqrt{2}} \left(x^2 - 2\right) \cdot e^{-x} dx \right| \approx 1{,}17 \text{ mit GTR}$$

$$A = A_1 - A_{\Delta 0S_2A} \approx \underline{\underline{0{,}17}}$$

Der Inhalt der gesuchten Fläche beträgt 0,17 FE.

d) Zielfunktion:

$$A_\Delta = \frac{1}{2} a \cdot b \text{ mit } a = x_p$$

$$\text{und } b = f\left(x_p\right) = \left(x_p^2 - 2\right) e^{-x_p}$$

$$A\left(x_p\right) = \frac{1}{2} x_p \cdot \left(x_p^2 - 2\right) e^{-x_p}$$

$$A\left(x_p\right) = \frac{1}{2}\left(x_p^3 - 2x_p\right) \cdot e^{-x_p}$$

Skizze:

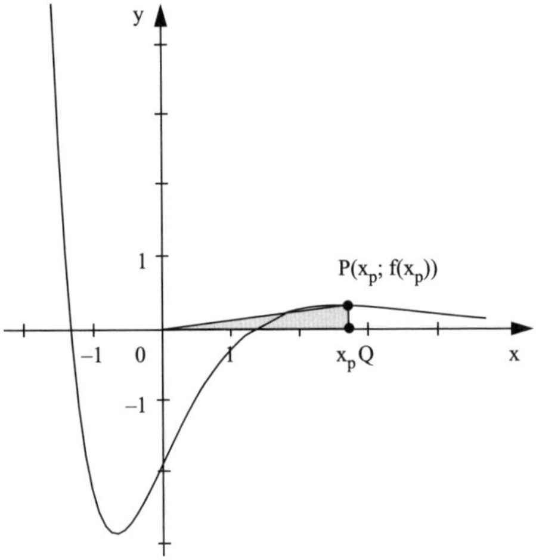

$$A'(x_p) = \frac{1}{2}\left[\left(3x_p^2 - 2\right)e^{-x_p} - e^{-x_p}\left(x_p^3 - 2x_p\right)\right]$$

$$A'(x_p) = \frac{1}{2}e^{-x_p}\left(-x_p^3 + 3x_p^2 + 2x_p - 2\right)$$

$$0 = A'(x_p)$$

$$\underline{\underline{x_p \approx 3{,}41}} \text{ mit GTR}$$

(Die Lösungen $x_p = -1$ und $x_p \approx 0{,}59$ liegen nicht im Definitionsbereich, da $\sqrt{2} < x_p < 5$ gelten soll.)

Flächeninhalt:

$$A(3{,}41) = \frac{1}{2}\left(3{,}41^3 - 2 \cdot 3{,}41\right) \cdot e^{-3{,}41}$$

$$A \approx 0{,}54$$

Für $x_p \approx 3{,}41$ wird der Flächeninhalt maximal. Der Inhalt der gesuchten Fläche beträgt ca. 0,54 FE.

e) Funktionsgleichung: $g(x) = (x^2 + px + q)e^{-x}$

(1) $P(1;0) \in$ Graph, d. h. $g(1) = 0 \;\Rightarrow\; 0 = (1 + p + q)e^{-1}$

(2) x-Achse ist Tangente an den Graphen, d. h. $g'(1) = 0$

mit $g'(x) = (2x + p)e^{-x} - e^{-x}(x^2 + px + q)$

$= e^{-x}(2x + p - x^2 - px - q)$

folgt $0 = (2 + p - 1 - p - q) \cdot e^{-1}$

$0 = (1 - q) \cdot e^{-1}$

$\Rightarrow$ (1) $0 = (1 + p + q) \cdot e^{-1}$, also $1 + p + q = 0$

(2) $0 = (1 - q) \cdot e^{-1}$, also $1 - q = 0 \;\Rightarrow\; \underline{\underline{q = 1}}$

und mit (1) $\underline{\underline{p = -2}}$

Grundkurs Mathematik (Sachsen): Abiturprüfung 2000
Pflichtaufgabe B – Geometrie/Algebra

In einem kartesischen Koordinatensystem sind die Punkte A(3; 3; –2), B(5; 7; 2), C(1; 9; 6), D(–1; 5; 2) und $P_a(-4; 2a; a)$ mit $a \in \mathbb{R}$ gegeben.

a) Die Punkte A, B und C bestimmen eine Ebene E.
Ermitteln Sie je eine Gleichung der Ebene E in Parameterform und in parameterfreier Form.
Für genau einen Wert a liegt der zugehörige Punkt P_a in der Ebene E.
Berechnen Sie die Koordinaten dieses Punktes. (4 BE)

b) Es existiert mindestens ein Punkt F, sodass die Punkte A, B, C und F Eckpunkte eines Trapezes mit den folgenden Eigenschaften (1) und (2) sind:
(1) $\overline{AB} \parallel \overline{FC}$
(2) eine der beiden parallelen Seiten ist doppelt so lang wie die andere parallele Seite.
Berechnen Sie die Koordinaten eines solchen Punktes F.
Geben Sie an, wie viele Trapeze mit den Eigenschaften (1) und (2) existieren, und begründen Sie Ihre Feststellung.
Beschreiben Sie, wie Sie die Koordinaten eines von Ihrem berechneten Punkt F verschiedenen Punktes ermitteln können, der ebenfalls die Bedingungen (1) und (2) erfüllt. (4 BE)

c) Zeigen Sie, dass das Viereck ABCD ein Parallelogramm ist.
Das Viereck ABCD ist Grundfläche von Pyramiden, die eine Höhe h_p mit $h_p = \sqrt{65}$ haben.
Berechnen Sie das Volumen einer solchen Pyramide.
Es gibt Pyramiden, deren Höhen h_p mit $h_p = \sqrt{65}$ parallel zur Geraden g mit der Gleichung $\vec{x} = \begin{pmatrix} 1 \\ 3 \\ -2 \end{pmatrix} + t \begin{pmatrix} 2 \\ -6 \\ 5 \end{pmatrix}$ $(t \in \mathbb{R})$ verlaufen und die den Diagonalschnittpunkt der Grundfläche als Fußpunkt haben.
Ermitteln Sie die Koordinaten aller Punkte, die Spitzen dieser Pyramiden sein können. (7 BE)

(15 BE)

Lösungen

a) Ebenengleichung in Parameterform:

$$\underline{\underline{E:\ \vec{x} = \begin{pmatrix} 3 \\ 3 \\ -2 \end{pmatrix} + r\begin{pmatrix} 2 \\ 4 \\ 4 \end{pmatrix} + s\begin{pmatrix} -2 \\ 6 \\ 8 \end{pmatrix}}} \quad (r, s \in \mathbb{R})$$

Ebenengleichung in parameterfreier Form:

$$\vec{n} \cdot \begin{pmatrix} 2 \\ 4 \\ 4 \end{pmatrix} = 0 \text{ und } \vec{n} \cdot \begin{pmatrix} -2 \\ 6 \\ 8 \end{pmatrix} = 0 \text{ mit } \vec{n} = \begin{pmatrix} n_1 \\ n_2 \\ n_3 \end{pmatrix}$$

$$\begin{array}{ll} \text{also} & 2n_1 + 4n_2 + 4n_3 = 0 \\ \text{und} & -2n_1 + 6n_2 + 8n_3 = 0 \end{array}$$

mit Wahl $n_1 = 1$ folgt:

$$\begin{array}{rl} 2 + 4n_2 + 4n_3 = 0 & \cdot(-2) \\ -2 + 6n_2 + 8n_3 = 0 & + \\ \hline -6 - 2n_2 \qquad = 0 & \\ n_2 \qquad = -3 & \\ n_3 \qquad = \frac{5}{2} & \end{array}$$

$$\vec{n} = \begin{pmatrix} 1 \\ -3 \\ \frac{5}{2} \end{pmatrix} \text{ oder } \vec{n} = \begin{pmatrix} 2 \\ -6 \\ 5 \end{pmatrix}$$

$$\underline{\underline{E:\ 2x - 6y + 5z = -22}}$$

$P \in E$, wenn Koordinaten des Punktes die Ebenengleichung erfüllen:

$$\begin{aligned} 2(-4) - 6(2a) + 5a &= -22 \\ -8 - 7a &= -22 \\ -7a &= -14 \\ a &= 2, \quad \text{also } \underline{\underline{P_2(-4; 4; 2)}} \end{aligned}$$

b) Skizze:

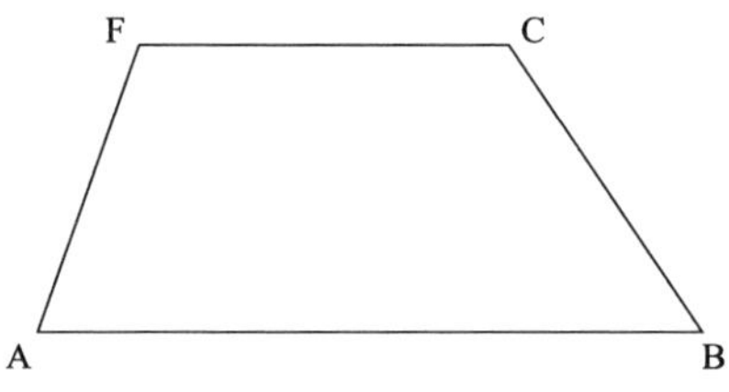

Bedingungen:

(1) $\overline{AB} \parallel \overline{FC}$

(2) $|\overline{AB}| = 2|\overline{FC}|$ oder

$|\overline{FC}| = 2|\overline{AB}|$

Berechnung für $\overline{AB} \parallel \overline{FC}$ und $|\overline{AB}| = 2|\overline{FC}|$ entsprechend Skizze:

$$\overrightarrow{OF} = \overrightarrow{OC} + \frac{1}{2}\overrightarrow{BA}$$

$$\overrightarrow{OF} = \begin{pmatrix} 1 \\ 9 \\ 6 \end{pmatrix} + \frac{1}{2}\begin{pmatrix} -2 \\ -4 \\ -4 \end{pmatrix} = \begin{pmatrix} 0 \\ 7 \\ 4 \end{pmatrix} \quad \underline{\underline{F(0;7;4)}}$$

Weitere mögliche Lösungen: (2; 11; 8) oder (5; 17; 14) oder (–3; 1; –2)

Es existieren vier Trapeze mit den Eigenschaften (1) und (2), denn man kann den Vektor $\overrightarrow{AB}$ im Punkt C in 2 einander entgegengesetzte Richtungen antragen und jeweils kann entweder $|\overline{AB}| = 2|\overline{FC}|$ bzw. $|\overline{FC}| = 2|\overline{AB}|$ sein.

Einen weiteren Punkt F findet man, wenn man im Punkt C den halben Vektor $\overrightarrow{AB}$ anträgt. Dann berechnen sich die Koordinaten des Punktes F nach der Gleichung:

$$\overrightarrow{OF} = \overrightarrow{OC} + \frac{1}{2}\overrightarrow{AB}.$$

c) Viereck ABCD ist ein Parallelogramm, wenn die gegenüberliegenden Seiten parallel und gleichlang sind.

Skizze:

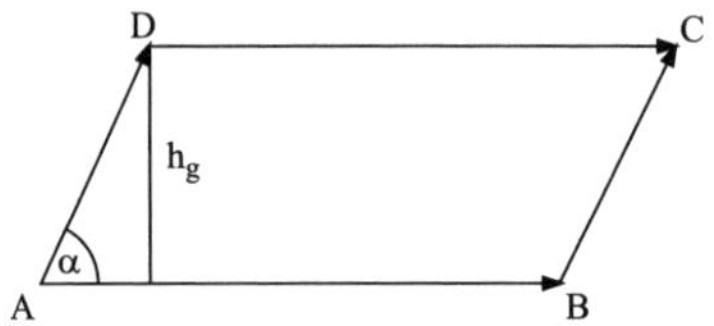

$$\left.\begin{matrix} \overrightarrow{AB} = \begin{pmatrix} 2 \\ 4 \\ 4 \end{pmatrix} & \overrightarrow{BC} = \begin{pmatrix} -4 \\ 2 \\ 4 \end{pmatrix} \\ \overrightarrow{DC} = \begin{pmatrix} 2 \\ 4 \\ 4 \end{pmatrix} & \overrightarrow{AD} = \begin{pmatrix} -4 \\ 2 \\ 4 \end{pmatrix} \end{matrix}\right\} \overrightarrow{AB} = \overrightarrow{DC} \text{ und } \overrightarrow{BC} = \overrightarrow{AD}$$

d. h. die oben genannten Bedingungen sind erfüllt

$\Rightarrow$ <u>ABCD ist ein Parallelogramm</u>

Volumen der Pyramide:

$$V = \frac{1}{3} A_G \cdot h_p$$

$$A_G = |\overrightarrow{AB}| \cdot h_G \quad \text{mit} \quad h_G = |\overrightarrow{AD}| \cdot \sin\alpha$$

folgt $A_G = |\overrightarrow{AB}| \cdot |\overrightarrow{AD}| \cdot \sin\alpha$ mit $\cos\alpha = \dfrac{\overrightarrow{AB} \circ \overrightarrow{AD}}{|\overrightarrow{AD}| \cdot |\overrightarrow{AB}|}$

ist $\cos\alpha = \dfrac{\begin{pmatrix} 2 \\ 4 \\ 4 \end{pmatrix} \circ \begin{pmatrix} -4 \\ 2 \\ 4 \end{pmatrix}}{6 \cdot 6}$

$$\cos\alpha = 0{,}44$$

$$\alpha = 63{,}61°$$

also $A_G = 6 \cdot 6 \cdot \sin 63{,}61°$

$\underline{A_G \approx 32{,}25}$

damit $V = \frac{1}{3} \cdot 32{,}25 \cdot \sqrt{65}$

$\underline{\underline{V \approx 86{,}7}}$

Schnittpunkt L der Diagonalen:

$$g_{AC}\colon \vec{x} = \begin{pmatrix} 3 \\ 3 \\ -2 \end{pmatrix} + u \begin{pmatrix} -2 \\ 6 \\ 8 \end{pmatrix} \qquad (u, w \in \mathbb{R})$$

$$g_{BD}\colon \vec{x} = \begin{pmatrix} 5 \\ 7 \\ 2 \end{pmatrix} + w \begin{pmatrix} -6 \\ -2 \\ 0 \end{pmatrix}$$

Es gilt
$$\begin{aligned} &(I) & -2u + 6w &= 2 \\ &(II) & 6u + 2w &= 4 \\ &(III) & 8u &= 4 \\ & & u &= \frac{1}{2} \quad \Rightarrow \quad L(2; 6; 2) \end{aligned}$$

Gerade durch L, parallel zu g:

$$\vec{x} = \begin{pmatrix} 2 \\ 6 \\ 2 \end{pmatrix} + v \underbrace{\begin{pmatrix} 2 \\ -6 \\ 5 \end{pmatrix}}_{\vec{a}} \quad (v \in \mathbb{R})$$

$|\vec{a}| = \sqrt{4 + 36 + 25} = \sqrt{65} = h_p$, also $\underline{v = \pm 1}$

$\Rightarrow \underset{\text{für } v = 1}{\underline{\underline{S_1(4; 0, 7)}}}$ und $\underset{\text{für } v = -1}{\underline{\underline{S_2(0; 12; -3)}}}$

Grundkurs Mathematik (Sachsen): Abiturprüfung 2000
Pflichtaufgabe C – Stochastik

Ein Autoproduzent, der Kleinwagen, Mittelklassewagen und Luxusmodelle herstellt, untersucht das Kaufverhalten seiner Kunden. Dabei wird ermittelt, dass 70 % der Kunden einen Kleinwagen, 20 % einen Mittelklassewagen und 10 % ein Luxusmodell kaufen. Beim Kleinwagen entschieden sich $\frac{1}{5}$ der Kunden, beim Mittelklassewagen $\frac{1}{3}$ und beim Luxusmodell $\frac{11}{20}$ für eine Klimaanlage. Das Kaufverhalten der Kunden ist voneinander unabhängig.

a) Ermitteln Sie die Wahrscheinlichkeiten folgender Ereignisse:
Ereignis A: Ein zufällig ausgewählter Kunde fährt ein Fahrzeug mit Klimaanlage,
Ereignis B: Ein zufällig ausgewählter Kunde fährt einen Mittelklassewagen ohne Klimaanlage,
Ereignis C: Ein zufällig ausgewählter Kunde fährt ein Luxusmodell oder ein Fahrzeug mit Klimaanlage. (3 BE)

b) Die Zufallsgröße X beschreibt die Anzahl der Personen unter 5 zufällig ausgewählten Kunden des Herstellers, die einen Kleinwagen fahren.
Geben Sie die Wahrscheinlichkeitsverteilung und den Erwartungswert der Zufallsgröße X an. (3 BE)

c) Zur Eröffnung eines neuen Autohauses des Herstellers werden 29 Gäste gezählt, von denen genau fünf schon einen Wagen dieses Herstellers fahren. In einer Tombola werden unter den 29 Gästen 7 Gewinner ermittelt, wobei jeder Gast nur genau einmal gewinnen kann. Das Ereignis D sei das Ereignis, dass sich unter den 7 Gewinnern genau zwei befinden, die bereits einen Wagen dieses Herstellers fahren.
Beschreiben Sie, wie man mithilfe einer Simulation (z. B. mit einem Urnenexperiment) einen Schätzwert für die Wahrscheinlichkeit des Ereignisses D ermitteln kann.
Berechnen Sie die Wahrscheinlichkeit des Ereignisses D. (4 BE)

(10 BE)

Lösungen

a) $P(A)=0,7\cdot\frac{1}{5}+0,2\cdot\frac{1}{3}+0,1\cdot\frac{11}{20}$

$\underline{\underline{P(A)\approx 0,2617}}$

$P(B)=0,2\cdot\frac{2}{3}$

$\underline{\underline{P(B)\approx 0,1333}}$

$P(C)=0,1+0,7\cdot\frac{1}{5}+0,2\cdot\frac{1}{3}$

$\underline{\underline{P(C)\approx 0,3067}}$

b) X ... Anzahl der Personen (unter 5 ausgewählten), die Kleinwagen fahren (X binomialverteilt mit n = 5 und p = 0,7).

Wahrscheinlichkeitsverteilung:

k	0	1	2	3	4	5
P(X = k)	0,0024	0,0284	0,1323	0,3087	0,3602	0,1681

Berechnungsgleichung:

$$P(X=k)=\binom{n}{k}\cdot p^{k}\cdot q^{n-k} \text{ mit } q=1-p$$
$$=\binom{5}{k}\cdot 0,7^{k}\cdot 0,3^{5-k}$$

Erwartungswert:

$$E(X)=\sum_{k=0}^{5} k\cdot P(X=k)=\underline{\underline{3,5}}$$

c) Ein Zufallsexperiment wäre z. B. das siebenmalige Ziehen ohne Zurücklegen aus einer Urne mit 29 Kugeln. 5 von diesen sind rot ($\hat{=}$ den fünf Gästen, die schon ein Auto dieses Herstellers fahren) und 24 blau ($\hat{=}$ den Gästen, die noch kein Auto dieses Herstellers fahren).
Das Experiment wird n-mal durchgeführt. In einer Tabelle werden die absoluten Häufigkeiten H_k und die relativen Häufigkeiten h_k für k Treffer (k ... Anzahl der Personen unter den 7 Gewinnern, die schon ein Auto des Herstellers fahren $\hat{=}$ Anzahl der roten Kugeln unter den gezogenen 7 Kugeln) zusammengestellt.

k	H_k	h_k
0		
1		
2		
3		
4		
5		

Für sehr große n stellt h_k einen Schätzwert für die Wahrscheinlichkeit für k Treffer dar. Die relative Häufigkeit h_2 stellt einen Schätzwert für die Wahrscheinlichkeit P(D) dar.

$$P(D) = \frac{\binom{5}{2}\binom{24}{5}}{\binom{29}{7}} \quad \text{oder} \quad P(D) = \frac{5}{29} \cdot \frac{4}{28} \cdot \frac{24}{27} \cdot \frac{23}{26} \cdot \frac{22}{25} \cdot \frac{21}{24} \cdot \frac{20}{23} \cdot \underbrace{\binom{7}{2}}_{\text{Anordnungs-möglichkeiten}}$$

$$\underline{\underline{P(D) = 0,2723}}$$

Grundkurs Mathematik (Sachsen): Abiturprüfung 2000
Wahlaufgabe D1 – Analysis

Gegeben sind die Funktion f durch

$$y = f(x) = \frac{1}{(x-1)^2} + 2 \quad (x \in \mathbb{R},\ x \neq 1)$$

und die Funktionen F_a durch

$$y = F_a(x) = -\frac{1}{x-1} + ax \quad (x \in \mathbb{R},\ x \neq 1;\ a \in \mathbb{R}).$$

a) Die Gerade g mit der Gleichung $y = g(x) = -2x + 7$ ist Tangente an den Graphen der Funktion f.
Ermitteln Sie den Berührungspunkt P.
Die Gerade s verläuft senkrecht zur Tangente g und schneidet diese im Punkt P. Die Tangente g, die Gerade s und die x-Achse begrenzen eine Dreiecksfläche.
Berechnen Sie den Flächeninhalt dieses Dreiecks. (3 BE)

b) Für genau einen Wert a ist die Funktion F_a eine Stammfunktion der Funktion f.
Bestimmen Sie diesen Wert a.
Der Graph der Funktion f, die x-Achse und die Geraden mit den Gleichungen $x = 1{,}5$ und $x = 5$ schließen eine Fläche vollständig ein.
Ermitteln Sie den Wert b ($b \in \mathbb{R}$) auf eine Dezimalstelle genau, für den die Gerade mit der Gleichung $x = b$ diese Fläche halbiert. (4 BE)

c) Der Graph der Funktion f, die x-Achse sowie die Geraden mit den Gleichungen $x = k$ und $x = k + 1$ ($k \in \mathbb{N},\ k \geq 2$) begrenzen eine Fläche mit dem Inhalt A_k vollständig. Die Flächeninhalte $A_1, A_2, \ldots, A_n$ bilden Glieder einer Zahlenfolge.
Ermitteln Sie die Folgeglieder A_2 und A_3.
Bestimmen Sie eine Bildungsvorschrift dieser Zahlenfolge. (3 BE)

(10 BE)

Lösungen

a) Ermitteln des Berührungspunktes $P(x_P; y_P)$:

$$f_x'(x_P) = -2 = m_g$$

$$f_x'(x_P) = -\frac{2}{(x_P-1)^3} = -2$$

$$(x_P-1)^3 = 1$$

$$x_P - 1 = 1$$

$$\underline{x_P = 2} \qquad \underline{\underline{P(2;3)}}$$

Gleichung der Geraden s:
Skizze:

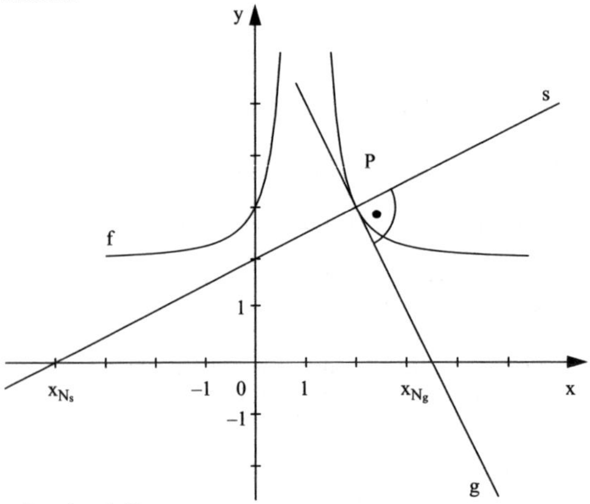

s ⊥ g durch P

also $m_s = -\frac{1}{m_g} = \frac{1}{2}$

mit $y_P = m_S x_P + n$

$$3 = \frac{1}{2}\cdot 2 + n$$

$$n = 2$$

folgt $\underline{s:\ y = \frac{1}{2}x + 2}$

Nullstelle von s: $0 = \frac{1}{2}x_{N_s} + 2$ von g: $0 = -2x_{N_g} + 7$

$\underline{x_{N_s} = -4}$ $\underline{x_{N_g} = 3{,}5}$

Flächeninhalt: $A = \frac{1}{2} \cdot (x_{N_g} - x_{N_s}) \cdot y_P$

$$A = \frac{1}{2} \cdot 7{,}5 \cdot 3$$

$$\underline{\underline{A = 11{,}25}}$$

Der Inhalt der Dreiecksfläche beträgt 11,25 FE.

b) $F_a(x)$ ist Stammfunktion von $f(x)$, wenn $F_a'(x) = f(x)$.

$$F_a(x) = -(x-1)^{-1} + ax$$

$$F_a'(x) = \frac{1}{(x-1)^2} + a = \frac{1}{(x-1)^2} + 2 = f(x) \text{ für } \underline{\underline{a = 2}}.$$

Flächeninhalt der Gesamtfläche:

$$A = \int_{1,5}^{5} f(x)\,dx = [F_2(x)]_{1,5}^{5}$$

$$A = \left[-\frac{1}{x-1} + 2x\right]_{1,5}^{5}$$

$$A = \left(-\frac{1}{4} + 10\right) - (-2+3)$$

$$\underline{A = 8{,}75}$$

$$\frac{A}{2} = \frac{1}{2} \cdot 8{,}75 = \int_{1,5}^{b} f(x)\,dx$$

$$4{,}375 = \left[-\frac{1}{x-1} + 2x\right]_{1,5}^{b}$$

$$4{,}375 = \left[-\frac{1}{b-1} + 2b\right] - (-2+3)$$

$$5{,}375 = -\frac{1}{b-1} + 2b$$

$$(b-1) \cdot 5{,}375 = -1 + 2b\,(b-1)$$

$$0 = 2b^2 - 7{,}375b + 4{,}375$$

$$\underline{\underline{b \approx 2{,}9}}$$

$b = 0{,}74$ entfällt, da $1{,}5 < b < 5$ gelten muss.

c) Allgemein gilt für den Flächeninhalt A_k:

$$A_k = \int_k^{k+1} f(x)dx = \left[-\frac{1}{x-1} + 2x\right]_k^{k+1} \quad (k \in \mathbb{N}; k \geq 2)$$

$k = 2$: $\quad A_2 = \left[-\frac{1}{x-1} + 2x\right]_2^3 = \left(-\frac{1}{2} + 6\right) - (-1 + 4) = \underline{\underline{2{,}5}}$

$k = 3$: $\quad A_3 = \left[-\frac{1}{x-1} + 2x\right]_3^4 = \left(-\frac{1}{3} + 8\right) - \left(-\frac{1}{2} + 6\right) = \underline{\underline{2{,}1\overline{6}}}$

Bildungsvorschrift:

$$A_n = \left[-\frac{1}{x-1} + 2x\right]_n^{n+1}$$

$$A_n = \left(-\frac{1}{n} + 2(n+1)\right) - \left(-\frac{1}{n-1} + 2n\right)$$

$$\underline{\underline{A_n = 2 - \frac{1}{n} + \frac{1}{n-1} = \frac{2n^2 - 2n + 1}{n(n-1)}}}$$

Grundkurs Mathematik (Sachsen): Abiturprüfung 2000
Wahlaufgabe D2 – Geometrie/Algebra

In einem kartesischen Koordinatensystem sind ein Dreieck ABC durch die Punkte A(–1; 4; 3), B(–4; 2; 1), C(6; –2; 7) und die Geraden g_a mit der Gleichung

$$\vec{x} = \begin{pmatrix} 11 \\ 4 \\ a \end{pmatrix} + t \cdot \begin{pmatrix} -3 \\ 4 \\ 6 \end{pmatrix} \quad (a \in \mathbb{R},\ t \in \mathbb{R})$$

gegeben.

a) Zeigen Sie, dass der Punkt C auf keiner der Geraden g_a liegt. (1 BE)

Die Gerade h verläuft durch die Punkte A und B.

b) Ermitteln Sie den Wert a, für den sich die Geraden g_a und h in genau einem Punkt schneiden.
Begründen Sie, dass die Geraden h und g_2 zueinander windschief sind. (5 BE)

c) Durch den Punkt P (1; 0; 4) verläuft die zur Geraden h parallele Gerade k. Die Gerade k teilt das Dreieck ABC in eine Dreiecksfläche mit dem Inhalt A_1 und eine Trapezfläche mit dem Inhalt A_2.
Bestimmen Sie das Verhältnis $A_1 : A_2$. (4 BE)

(10 BE)

Lösungen

a) $C \notin g_a$, d. h. $\begin{pmatrix} 6 \\ -2 \\ 7 \end{pmatrix} = \begin{pmatrix} 11 \\ 4 \\ a \end{pmatrix} + t \begin{pmatrix} -3 \\ 4 \\ 6 \end{pmatrix}$ für kein $t \in \mathbb{R}$ erfüllt

$$\left.\begin{array}{ll} 6 = 11 - 3t & t_1 = \frac{5}{3} \\ -2 = 4 + 4t & t_2 = -\frac{3}{2} \end{array}\right\} t_1 \neq t_2 \Rightarrow \underline{\underline{C \notin g_a}}$$

$$7 = a + 6t$$

b) h: $\vec{x} = \begin{pmatrix} -1 \\ 4 \\ 3 \end{pmatrix} + r \begin{pmatrix} -3 \\ -2 \\ -2 \end{pmatrix} \quad (r \in \mathbb{R})$

Schnittpunkt von g und h:

$$\begin{array}{lll} \text{(I)} & 11 - 3t = -1 - 3r & \cdot 2 \\ \text{(II)} & 4 + 4t = 4 - 2r & \cdot(-3) \\ \text{(III)} & a + 6t = 3 - 2r & \end{array}$$

aus (I) und (II): $10 - 18t = -14$

$$\underline{t = \frac{4}{3}}$$

in (I): $11 - 4 = -1 - 3r$

$$\underline{r = -\frac{8}{3}}$$

r, t in (III) $a + 8 = 3 + \frac{16}{3}$

$$\underline{\underline{a = \frac{1}{3}}}$$

Für $a = \frac{1}{3}$ schneiden sich die Geraden g und h in genau einem Punkt.

Lagebezeichnung der Geraden h und g_2:

g_2: $\vec{x} = \begin{pmatrix} 11 \\ 4 \\ 2 \end{pmatrix} + t \cdot \begin{pmatrix} -3 \\ 4 \\ 6 \end{pmatrix}$

Richtungsvektoren:

$$\begin{pmatrix}-3\\-2\\-2\end{pmatrix} = u\begin{pmatrix}-3\\4\\6\end{pmatrix} \quad \left.\begin{array}{l} u_1 = -1 \\ u_2 = -\frac{1}{2} \\ u_3 = -\frac{1}{3} \end{array}\right\} \quad \begin{array}{l} u_1 \neq u_2 \neq u_3 \\ \Rightarrow h \nparallel g_2 \\ \Rightarrow h \text{ schneidet } g_2 \text{ oder} \\ \quad h \text{ windschief zu } g_2 \end{array}$$

Schnittpunkt von h und g_2:

$$\begin{array}{lrcl} \text{(I)} & -1-3r &=& 11-3t \\ \text{(II)} & 4-2r &=& 4+4t \quad \cdot(-1) \\ \text{(III)} & 3-2r &=& 2+6t \quad + \end{array}$$

aus (II) und (III): $-1 = -2 + 2t$

$$t = \frac{1}{2}$$

t in (II): $4 - 2r = 4 + 2$

$$r = -1$$

r, t in (I): $-1 + 3 = 11 - \frac{3}{2}$

$2 = 9{,}5$ ↯ $\Rightarrow$ h schneidet g_2 nicht

$\Rightarrow$ h und g_2 sind windschief zueinander

c) $k\colon \vec{x} = \begin{pmatrix}1\\0\\4\end{pmatrix} + w\begin{pmatrix}-3\\-2\\-2\end{pmatrix} \quad (w \in \mathbb{R})$

Skizze:

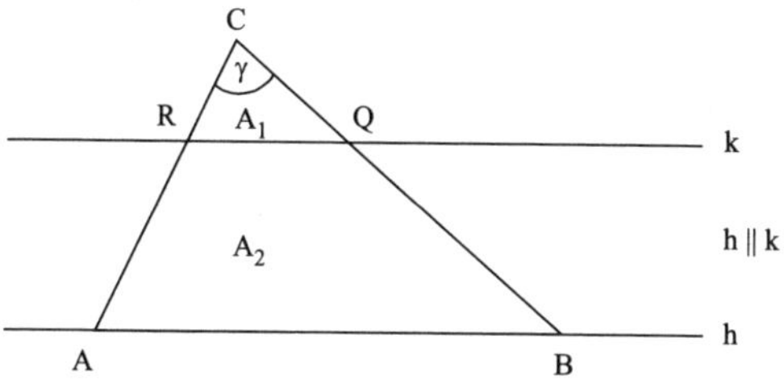

Schnittpunkte zwischen

(1) k und g_{BC}: $\vec{x} = \begin{pmatrix}-4\\2\\1\end{pmatrix} + m\begin{pmatrix}10\\-4\\6\end{pmatrix} \quad (m, \ell \in \mathbb{R})$

(2) k und g_{AC}: $\vec{x} = \begin{pmatrix}-1\\4\\3\end{pmatrix} + \ell\begin{pmatrix}7\\-6\\4\end{pmatrix}$

$$\text{zu(1)} \quad \begin{array}{lrcl} \text{(I)} & 1-3w &=& -4+10m \\ \text{(II)} & 0-2w &=& 2-4m \quad \cdot(-1) \\ \text{(III)} & 4-2w &=& 1+6m \quad + \end{array}$$

$$(\text{II})\text{ und }(\text{III}):\quad 4=-1-10\,m$$
$$m=\frac{1}{2}$$
$$\text{in }(\text{II}):\quad -2w=2-2$$
$$w=0 \qquad \Rightarrow Q(1;0;4)$$

$$\begin{array}{llll} \text{zu}(2) & (\text{I}) & 1-3w=-1+7\ell & \\ & (\text{II}) & 0-2w=\ \ 4-6\ell & \cdot(-1) \\ & (\text{III}) & 4-2w=\ \ 3+4\ell & + \end{array}$$

$$(\text{II})\text{ und }(\text{III}):\quad 4=-1+10\ell$$
$$\ell=\frac{1}{2} \qquad \Rightarrow \quad R(2{,}5;1;5)$$

Flächeninhalte:

$$\cos\gamma=\frac{\overrightarrow{CB}\circ\overrightarrow{CA}}{\left|\overrightarrow{CB}\right|\cdot\left|\overrightarrow{CA}\right|}\quad \text{mit}\quad \overrightarrow{CB}=\begin{pmatrix}-10\\4\\-6\end{pmatrix}\text{ und }\overrightarrow{CA}=\begin{pmatrix}-7\\6\\-4\end{pmatrix}$$

$$\cos\gamma=\frac{118}{\sqrt{152}\cdot\sqrt{101}}$$

$$\text{folgt}\quad \cos\gamma\approx 0{,}95$$
$$\gamma\approx 17{,}76°$$

$$A_1=\frac{1}{2}\left|\overrightarrow{CR}\right|\cdot\left|\overrightarrow{CQ}\right|\cdot\sin\gamma \quad \text{mit } \overrightarrow{CR}=\begin{pmatrix}-3{,}5\\3\\-2\end{pmatrix}\text{und }\overrightarrow{CQ}=\begin{pmatrix}-5\\2\\-3\end{pmatrix}$$

$$A_1=\frac{1}{2}\cdot\sqrt{25{,}25}\cdot\sqrt{38}\cdot\sin 17{,}76°$$

$$\underline{A_1\approx 4{,}72}$$

$$A_1+A_2=\frac{1}{2}\left|\overrightarrow{CA}\right|\cdot\left|\overrightarrow{CB}\right|\cdot\sin 17{,}76°$$

$$A_1+A_2=\frac{1}{2}\cdot\sqrt{152}\cdot\sqrt{101}\cdot\sin 17{,}76°$$

$$\underline{A_1+A_2=18{,}9}, \quad \text{also} \quad \underline{A_2=14{,}18}$$

$$\text{Verhältnis:}\quad \underline{\underline{\frac{A_1}{A_2}}}=\frac{4{,}72}{14{,}18}\approx\underline{\underline{\frac{1}{3}}}$$

$$\text{oder exakt:}\quad \frac{A_1}{A_2}=\frac{\frac{1}{2}\sqrt{25{,}25}\cdot\sqrt{38}\cdot\sin 17{,}76°}{\frac{1}{2}\cdot\sin 17{,}76°\left(\sqrt{152}\cdot\sqrt{101}-\sqrt{25{,}25}\cdot\sqrt{38}\right)}$$

$$\underline{\underline{\frac{A_1}{A_2}=\frac{1}{3}}}$$

Grundkurs Mathematik (Sachsen): Abiturprüfung 2000 (Nachtermin)
Pflichtaufgabe A – Analysis

Gegeben ist die Funktion f durch

$$y = f(x) = \frac{x^2 - 2x + 1}{x + 1} \quad (x \in D_f).$$

a) Geben Sie den größtmöglichen Definitionsbereich der Funktion f, die Koordinaten der Schnittpunkte des Graphen mit den Koordinatenachsen, die Koordinaten der lokalen Extrempunkte und die Art der Extrema an.
Zeigen Sie, dass der Graph der Funktion keine Wendepunkte besitzt.
Untersuchen Sie das Verhalten der Funktion im Unendlichen.
Berechnen Sie die Stellen x, an denen die Funktion den Anstieg –3 hat. (13 BE)

b) Zeigen Sie, dass die Funktion f durch die Gleichung

$$y = f(x) = x - 3 + \frac{4}{x + 1} \quad (x \in D_f)$$

beschrieben werden kann.
Begründen Sie, dass für große Werte x sich der Graph der Funktion f an den Graphen der Funktion mit der Gleichung $y = x - 3$ annähert.
Ermitteln Sie eine Gleichung der Stammfunktion der Funktion f.
Der Graph der Funktion f, die x-Achse und die Gerade mit der Gleichung $x = 10$ begrenzen eine Fläche vollständig.
Ermitteln Sie den Inhalt dieser Fläche. (6 BE)

c) Gegeben ist die lineare Funktion h durch

$$y = h(x) = \frac{8}{9}x - \frac{5}{2} \quad (x \in R).$$

Es existiert eine Stelle x ($x > 0$), für die die Differenz $d(x) = f(x) - h(x)$ minimal wird.
Geben Sie diese Stelle x und die minimale Differenz an. (3 BE)

d) Für jedes n ($n \in R$) existiert eine Gerade g_n mit der Gleichung

$$y = \frac{3}{4}x + n.$$

Ermitteln Sie diejenigen Werte n, für die die zugehörige Gerade g_n Tangente an den Graphen der Funktion f ist. (3 BE)

(25 BE)

Lösungen

a) Definitionsbereich: $\{x \mid x \in \mathbb{R}, x \neq -1\}$

Schnittpunkt mit y-Achse: $\underline{\underline{S_y(0;1)}}$

Schnittpunkt mit x-Achse: $\underline{\underline{S_x(1;0)}}$

Extrempunkte: $\underline{\underline{E_{Min}(1;0)}}$

$\underline{\underline{E_{Max}(-3;-8)}}$

Hinweis: Diese Lösungen sind nur unter Nutzung des GTR anzugeben. Es ist kein Lösungsweg verlangt.

Ohne GTR wäre diese Teilaufgabe wie folgt zu lösen:
Schnittpunkt mit y-Achse: $f(0)=1 \quad \underline{\underline{S_y(0;1)}}$

Schnittpunkt mit x-Achse:

$$f(x_N)=0=\frac{x_N{}^2-2x_N+1}{x_N+1}$$

$$0=x_N{}^2-2x_N+1$$

$$\underline{x_N}=1\pm\sqrt{1-1}\underline{=1} \quad \underline{\underline{S_x(1;0)}}$$

Extrempunkte:

$$f'(x)=\frac{(2x-2)(x+1)-(x^2-2x+1)}{(x+1)^2}$$

$$f'(x)=\frac{x^2+2x-3}{(x+1)^2}$$

$$f''(x)=\frac{(2x+2)(x+1)^{\not 2\,1}-(x^2+2x-3)\cdot 2\cancel{(x+1)}1}{(x+1)^{\not 4\,3}}$$

$$f''(x)=\frac{8}{(x+1)^3}$$

$$f'(x_E)=0=x_E{}^2+2x_E-3$$

$$x_{E_{1;2}}=-1\pm\sqrt{1+3}$$

$$x_{E_1}=-1+2=1 \qquad y_{E_1}=f(x_{E_1})=0 \qquad E_1(1;0)$$

$$x_{E_2}=-1-2=-3 \qquad y_{E_2}=f(x_{E_2})=-8 \qquad E_2(-3;-8)$$

$$f''(x_{E_1})=\frac{8}{2^3}=1>0 \quad \Rightarrow \text{ lokales Minimum}$$

$$f''(x_{E_2})=\frac{8}{(-2)^3}=-1<0 \quad \Rightarrow \text{ lokales Maximum}$$

Nachweis, dass Graph keine Wendepunkte besitzt:

$$\left.\begin{aligned} f'(x) &= \frac{x^2+2x-3}{(x+1)^2} \\ f''(x) &= \frac{8}{(x+1)^3} \end{aligned}\right\}$$ Lösungsweg in der ausführlichen Lösung zum ersten Aufgabenteil erkennbar

$$f''(x_W) = 0 = \frac{8}{(x_W+1)^3}$$ als notwendige Bedingung für die Existenz von Wendepunkten

Da es keine reelle Zahl gibt, welche diese Gleichung erfüllt, hat der Graph der Funktion keine Wendepunkte.

Verhalten im Unendlichen:

$$\underline{\underline{\lim_{x \to \pm\infty} f(x) = \pm\infty}}$$

Berechnung der Stellen x, an denen die Funktion den Anstieg –3 hat:

$$\begin{aligned} f'(x) = -3 &= \frac{x^2+2x-3}{(x+1)^2} \\ -3(x^2+2x+1) &= x^2+2x-3 \\ 0 &= 4x^2+8x \\ 0 &= 4x(x+2) \\ &\underline{\underline{x_1 = 0 \quad x_2 = -2}} \end{aligned}$$

b) Nachweis, dass gilt: $f(x) = \frac{x^2-2x+1}{x+1} = x-3+\frac{4}{x+1}$

Variante 1: (Polynomendivision)

$$\begin{aligned} &(x^2-2x+1):(x+1) = x-3+\frac{4}{x+1} \quad \Rightarrow \quad \text{Aussage bestätigt} \\ &\underline{-(x^2+x)} \\ &\quad -3x+1 \\ &\quad \underline{-(-3x-3)} \\ &\qquad 4 \end{aligned}$$

Variante 2:

$$\begin{aligned} f(x) = x-3+\frac{4}{x+1} &= \frac{x(x+1)-3(x+1)+4}{x+1} \\ &= \frac{x^2-2x+1}{x+1} \quad \Rightarrow \quad \text{Aussage bestätigt} \end{aligned}$$

Begründung: Laut Definition heißt eine Gerade g mit der Gleichung g(x) = ax + b Asymptote des Graphen der Funktion f, wenn $\lim_{x \to \infty} [f(x) - g(x)] = 0$ bzw. $\lim_{x \to -\infty} [f(x) - g(x)] = 0$ gilt.

Bezogen auf diese Aufgabe gilt

$$\lim_{x \to \pm\infty} \left[x - 3 + \frac{4}{x+1} - (x-3) \right] = \lim_{x \to \pm\infty} \frac{4}{x+1} = 0,$$

d. h. der Graph der Funktion f nähert sich für große Werte der Geraden y = x – 3 (Asymptote) beliebig dicht, ohne sie zu erreichen.

Stammfunktion F:

$$F(x) = \frac{x^2}{2} - 3x + 4\ln|x+1|$$

Flächeninhalt:

$$A = \int_1^{10} f(x)\,dx = \left[\frac{x^2}{2} - 3x + 4\ln|x+1| \right]_1^{10}$$

$$\underline{\underline{A \approx 29{,}32}}$$

Der Inhalt der gesuchten Fläche beträgt 29,32 FE.

c) Zielfunktion:

$$d(x) = f(x) - h(x)$$

$$d(x) = x - 3 + \frac{4}{x+1} - \left(\frac{8}{9}x - \frac{5}{2} \right)$$

$$d(x) = \frac{x}{9} - \frac{1}{2} + \frac{4}{x+1}$$

Ausführliche Lösung:

$$d'(x) = \frac{1}{9} - \frac{4}{(x+1)^2}$$

$$d''(x) = \frac{8}{(x+1)^3}$$

$$d'(x) = 0 = \frac{1}{9} - \frac{4}{(x+1)^2}$$

$$(x+1)^2 = 36$$

$$0 = x^2 + 2x - 35$$

$$x_{1;2} = -1 \pm \sqrt{1+35}$$

$$\underline{x_1} = -1 + 6 \underline{= 5}$$

$$(x_2 = -1 - 6 = -7 \text{ entfällt, da } -7 \notin \text{Db})$$

$$d''(5) = \frac{8}{6^3} > 0 \quad \Rightarrow \quad \text{lokales Minimum}$$

$$\underline{d(5)} = \frac{5}{9} - \frac{1}{2} + \frac{4}{6} \underline{\approx 0{,}72}$$

Laut Aufgabenstellung sind die Stelle x und der minimale Abstand nur anzugeben, d. h. z. B. den Graphen der Funktion d mittels GTR zeichnen lassen und die Koordinaten des Minimumpunktes $E_{Min}(x; y)$ angeben. Dabei ist x die gesuchte Stelle und y die minimale Differenz.

d) Gerade g_n ist Tangente an den Graphen der Funktion f, wenn

$$f'(x_B) = \frac{3}{4} = \frac{{x_B}^2 + 2x_B - 3}{(x_B + 1)^2}$$

$$3({x_B}^2 + 2x_B + 1) = 4({x_B}^2 + 2x_B - 3)$$

$$0 = {x_B}^2 + 2x_B - 15$$

$$\left.\begin{array}{l} x_{B_1} = 3 \\ x_{B_2} = -5 \end{array}\right\} \text{mit GTR}$$

$y_{B_1} = f(x_{B_1}) = 1 \qquad B_1(3; 1)$

$y_{B_2} = f(x_{B_2}) = -9 \quad B_2(-5; -9)$

B_1 in g_n: $1 = \frac{3}{4} \cdot 3 + n_1 \qquad \underline{\underline{n_1 = -1,25}}$

B_2 in g_n: $-9 = \frac{3}{4} \cdot (-5) + n_2 \quad \underline{\underline{n_2 = -5,25}}$

In einem kartesischen Koordinatensystem mit dem Koordinatenursprung O sind ein Kreis k mit dem Mittelpunkt M(–2; 3) und dem Radius r = 5 sowie die Punkte A(6; 2), B(–3; 5) und C(–5; y_c) mit $y_c > 0$ gegeben.

a) Durch die Punkte A und B ist eine Gerade g bestimmt.
Ermitteln Sie eine Gleichung der Geraden g.
Untersuchen Sie rechnerisch die Lage der Geraden g zum Kreis k und geben Sie die Koordinaten aller gemeinsamen Punkte an. (5 BE)

b) Die Gerade t ist Tangente an den Kreis k im Punkt C. Die Tangente t, die Gerade g und die y-Achse begrenzen ein Dreieck.
Berechnen Sie den Flächeninhalt dieses Dreiecks.
Weisen Sie rechnerisch nach, dass das Dreieck nicht rechtwinklig ist. (5 BE)

c) Ermitteln Sie rechnerisch die Koordinaten eines Punktes D, so dass das Viereck AOBD ein Drachenviereck ist. (3 BE)

In einem kartesischen Koordinatensystem sind die Punkte A(6; 2; 0), B(–3; 5; 0) und $P_z(1; 1; z)$ mit $z \in$ R gegeben.

d) Ermitteln Sie alle Werte z, für die das Dreieck ABP_z ein rechtwinkliges Dreieck mit der Hypotenuse $\overline{AB}$ ist. (2 BE)

(15 BE)

Lösungen

a) $g: \vec{x} = \begin{pmatrix} 6 \\ 2 \end{pmatrix} + r\begin{pmatrix} -9 \\ 3 \end{pmatrix} \quad (r \in \mathbb{R})$

bzw.

$$y = -\frac{1}{3}x + 4$$

Lagebeziehung von Kreis k und Gerade g:

$$\left.\begin{array}{l} k: (x+2)^2 + (y-3)^2 = 25 \\ g: y = -\frac{1}{3}x + 4 \end{array}\right\} (x+2)^2 + \left(-\frac{1}{3}x + 4 - 3\right)^2 = 25$$

$$(x+2)^2 + \left(-\frac{1}{3}x + 1\right)^2 = 25$$

$$\frac{10}{9}x^2 + \frac{10}{3}x - 20 = 0$$

$$\left.\begin{array}{l} x_1 = 3 \\ x_2 = -6 \end{array}\right\} \text{mit GTR}$$

$\Rightarrow$ Die Gerade g ist Sekante zum Kreis k, da sie ihn in 2 Punkten P_1 und P_2 schneidet.

Koordinaten der gemeinsamen Punkte:

$y_1 = g(x_1) = 3 \quad \underline{\underline{P_1(3; 3)}}$

$y_2 = g(x_2) = 6 \quad \underline{\underline{P_2(-6; 6)}}$

b) Koordinaten des Punktes C:

$C \in k: (-5+2)^2 + (y_C - 3)^2 = 25 \quad \text{mit} \quad y_C > 0$

$y_C^{\,2} - 6y_C - 7 = 0$

$y_C = 7 \quad \underline{\underline{C(-5; 7)}}$

Gleichung der Tangenten t:

$(x - x_M)(x_C - x_M) + (y - y_M)(y_C - y_M) = r^2 \quad$ mit $M\,(x_M; y_M)$ und $C\,(x_C; y_C)$

$(x+2)(-5+2) + (y-3)(7-3) = 25$

$$\underline{\underline{t: \quad y = \frac{3}{4}x + \frac{43}{4}}}$$

Skizze:

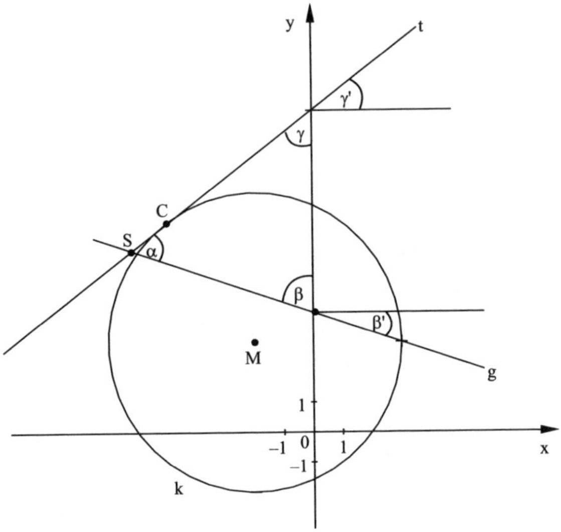

Schnittpunkt S der Geraden t und g

$$\frac{3}{4}x_S + \frac{43}{4} = -\frac{1}{3}x_S + 4$$

$$x_S = -\frac{81}{13}$$

$$y_S = g(x_S) = \frac{79}{13} \qquad \underline{\underline{S\left(-\frac{81}{13}; \frac{79}{13}\right)}}$$

Flächeninhalt A des Dreiecks:

$$A = \frac{1}{2}g \cdot h$$

$$A = \frac{1}{2}(n_t - n_g) \cdot |x_S|$$

$$A = \frac{1}{2}\left(\frac{43}{4} - 4\right) \cdot \frac{81}{13}$$

$$\underline{\underline{A \approx 21}}$$

Der Flächeninhalt des Dreiecks beträgt 21 FE.

Das Dreieck wäre rechtwinklig, wenn ein Innenwinkel 90° wäre.

Weg 1: $\alpha \neq 90°$, da t nicht senkrecht zu g, denn $m_t = \frac{3}{4} \neq -\frac{1}{m_g} = 3$

$\beta \neq 90°$, da g $\nparallel$ x-Achse bzw. g $\not\perp$ y-Achse
$\gamma \neq 90°$, da t $\nparallel$ x-Achse bzw. t $\not\perp$ y-Achse
$\Rightarrow$ Das Dreieck ist nicht rechtwinklig.

oder

Weg 2: $\tan\gamma' = m_t = \frac{3}{4}$ $\qquad \gamma' \approx 36{,}87°$

$\underline{\gamma} = 90° - \gamma' = \underline{53{,}13° \neq 90°}$

$\tan\beta' = m_g = -\frac{1}{3}$ $\qquad \beta' = -18{,}43°$

$\underline{\beta} = 90° - |\beta'| = \underline{71{,}57° \neq 90°}$

$\underline{\alpha} = 180° - \gamma - \beta = \underline{55{,}3° \neq 90°}$

$\Rightarrow$ Analoge Folgerung wie bei Weg 1.

c) Skizze:

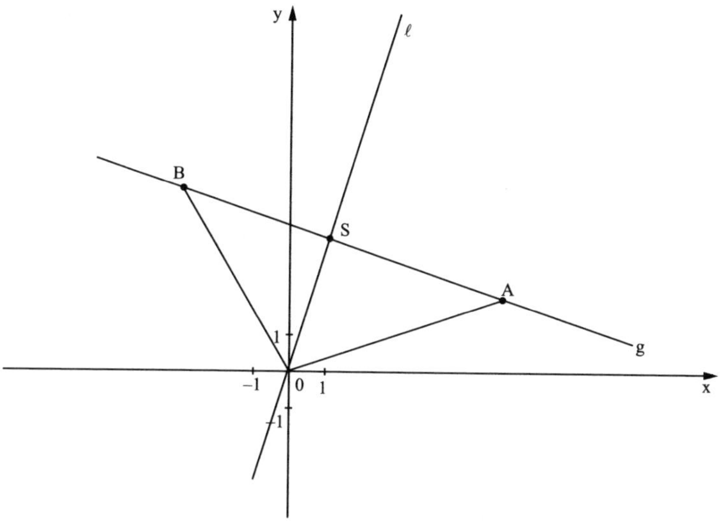

Lotgerade ℓ zur Geraden g:

$m_\ell = -\frac{1}{m_g} = 3$

$n_\ell = 0$, da ℓ durch Ursprung verläuft

$\underline{\underline{\ell\text{: } y = 3x}}$

Schnittpunkt S von Geraden g und ℓ:

$$-\frac{1}{3}x_S + 4 = 3x_S$$

$$x_S = \frac{6}{5} \quad y_S = f(x_S) = \frac{18}{5} \quad \underline{S\left(\frac{6}{5}; \frac{18}{5}\right)}$$

$$\overrightarrow{OD} = \overrightarrow{OS} + \overrightarrow{OS} = 2\overrightarrow{OS} = \begin{pmatrix} \frac{12}{5} \\ \frac{36}{5} \end{pmatrix} \quad D\left(\frac{12}{5}; \frac{36}{5}\right)$$

bzw.

$$\underline{\underline{D(2{,}4; 7{,}2)}}$$

d) Skizze

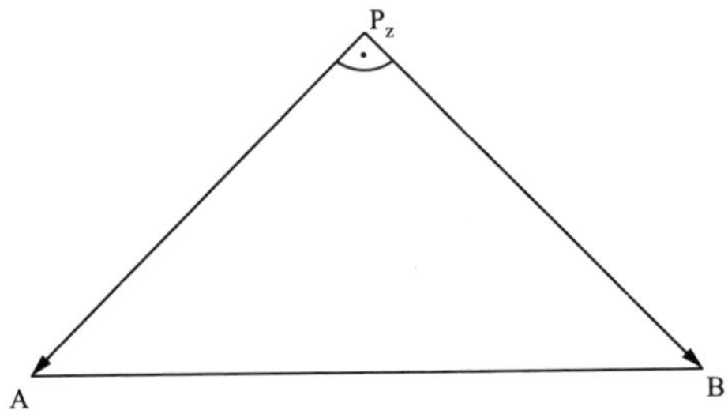

ΔABP_Z rechtwinklig mit Hypotenuse $\overline{AB}$,
wenn $\overrightarrow{P_zA} \perp \overrightarrow{P_zB}$, also $\overrightarrow{P_zA} \circ \overrightarrow{P_zB} = 0$

$$\begin{pmatrix} 5 \\ 1 \\ -z \end{pmatrix} \circ \begin{pmatrix} -4 \\ 4 \\ -z \end{pmatrix} = -20 + 4 + z^2 = 0$$

$$z^2 = 16$$

$$z_1 = 4$$

$$\underline{\underline{z_2 = -4}}$$

Grundkurs Mathematik (Sachsen): Abiturprüfung 2000 (Nachtermin)
Pflichtaufgabe C – Stochastik

Susanne, Henriette und Franziska bereiten eine Veranstaltung der Arbeitsgemeinschaft Mathematik ihrer Schule zum Thema Glücksspiele vor. Sie einigen sich darauf, dass sich jede ein Zufallsexperiment ausdenkt und bezüglich dieses Experiments Aufgaben formuliert.

a) Susanne verwendet eine Urne, in der sich vier weiße, fünf schwarze und drei gelbe Kugeln befinden. Nacheinander sollen aus der Urne zwei Kugeln ohne Zurücklegen gezogen werden. Susanne vermutet, dass von den folgenden Ereignissen das Ereignis B am wahrscheinlichsten ist.
Ereignis A: Die erste Kugel ist gelb und die zweite ist schwarz.
Ereignis B: Beide Kugeln haben die gleiche Farbe.
Ereignis C: Keine der gezogenen Kugeln ist schwarz.
Überprüfen Sie rechnerisch, ob Susannes Vermutung stimmt. (3 BE)

b) Henriette verwendet ein ideales Tetraeder, dessen Seiten mit „1“, „2“, „3“ bzw. „4“ beschriftet sind. Das Tetraeder soll durch einen Spieler dreimal geworfen werden, wobei nach jedem Wurf die unten liegende Augenzahl notiert wird. Erreicht der Spieler beim dreimaligen Wurf eine Augensumme größer als acht, erhält er 20 Pfennige ausgezahlt. Ist die Augensumme kleiner oder gleich acht, muss er 25 Pfennige bezahlen.
Die Zufallsgröße X beschreibt den Gewinn des Spielers beim dreimaligen Wurf des Tetraeders.
Geben Sie die Wahrscheinlichkeitsverteilung der Zufallsgröße X an.
Berechnen Sie den bei 10 Spielen vom Spieler zu erwartenden Gewinn.
Ermitteln Sie den vom Spieler einzuzahlenden Betrag (auf ganze Pfennige gerundet), wenn ein Auszahlungsbetrag von 20 Pfennigen für einen Gewinn beibehalten wird und das Spiel gerecht sein soll, d. h., dass der Erwartungswert der Zufallsgröße X Null Pfennige beträgt. (4 BE)

c) Franziska benutzt sieben Skatkarten. Auf vier Karten sind Buben, auf den anderen Karten Damen abgebildet. Aus dem Stapel dieser sieben Karten wird durch einen Spieler dreimal eine Karte gezogen, wobei nach jeder Ziehung diese Karte zurückgelegt und die Karten gemischt werden.
Betrachtet werden die Ereignisse:
Ereignis D: Es werden zweimal Dame und einmal Bube gezogen.
Ereignis E: Es werden entweder drei Damen oder drei Buben gezogen.
Wenn bei diesen Ziehungen eines der Ereignisse D oder E eintritt, kann der Spieler einen Preis gewinnen. Dafür muss er sich aber vor dem Spiel für eines dieser beiden Ereignisse entscheiden und nur wenn dieses eintritt, gewinnt er.
Geben Sie an und begründen Sie, für welches der beiden Ereignisse Sie sich entscheiden würden, um den Preis zu gewinnen. (3 BE)

(10 BE)

Lösungen

a) $P(A) = \frac{3}{12} \cdot \frac{5}{11} = \frac{15}{132} = \frac{5}{44}$

$P(B) = \frac{4}{12} \cdot \frac{3}{11} + \frac{5}{12} \cdot \frac{4}{11} + \frac{3}{12} \cdot \frac{2}{11} = \frac{38}{132}$

$P(C) = \frac{7}{12} \cdot \frac{6}{11} = \frac{42}{132}$

Das Ereignis C ist am wahrscheinlichsten, also Susannes Vermutung ist falsch.

b) X: Gewinn des Spielers beim dreimaligen Wurf des Tetraeders in DM

x_i	0,20	−0,25
$P(X = x_i)$	$\frac{20}{64}$	$\frac{44}{64}$

$E(X) = 0{,}20\,\text{DM} \cdot \frac{20}{64} - 0{,}25\,\text{DM} \cdot \frac{44}{64} = -0{,}11\,\text{DM}$

Erwarteter Gewinn bei 10 Spielen: $\underline{\underline{10 \cdot E(X) = -1{,}09\,\text{DM}}}$

Beitrag für gerechtes Spiel:

$E(X) = 0 = 0{,}20\,\text{DM} \cdot \frac{20}{64} - z \cdot \frac{44}{64}$

$\underline{\underline{z = 0{,}09\,\text{DM}}}$

Der Spieler müsste 9 Pfennig einzahlen.

c) $P(D) = 3 \cdot \frac{3}{7} \cdot \frac{3}{7} \cdot \frac{4}{7} = \frac{108}{343}$

$P(E) = \left(\frac{3}{7}\right)^3 + \left(\frac{4}{7}\right)^3 = \frac{91}{343}$

Der Spieler sollte sich für Ereignis D entscheiden, da dieses wahrscheinlicher ist.

Grundkurs Mathematik (Sachsen): Abiturprüfung 2000 (Nachtermin)
Wahlaufgabe D1 – Analysis

Für jedes a($a \in R$, $a > 0$) ist eine Funktion f_a durch

$$y = f_a(x) = \frac{4x^2}{3a^2 + x^2} \quad (x \in R)$$

gegeben.

a) Untersuchen Sie den Graphen der Funktion f_1 auf Symmetrie.
Geben Sie die Koordinaten des lokalen Extrempunktes der Funktion f_1 und die Art des Extremums an.
Weisen Sie rechnerisch nach, dass der Graph der Funktion f_1 höchstens zwei Wendepunkte besitzen kann. (5 BE)

b) Für jedes a($a \in R$; $a > 0$) existieren auf dem Graphen der Funktion f_a genau ein Punkt $P_a(a; f_a(a))$ und genau ein Punkt $Q_a(-a; f_a(-a))$. Die Tangente an den Graphen der Funktion f_a im Punkt P_a, die Tangente an den Graphen der Funktion f_a im Punkt Q_a und die Gerade mit der Gleichung $y = 4$ begrenzen ein Dreieck.
Berechnen Sie den Flächeninhalt dieses Dreiecks in Abhängigkeit von a. (5 BE)

(10 BE)

Lösungen

a) Untersuchung auf Symmetrie:

Funktion achsensymmetrisch zur y-Achse, wenn

$f_a(-x) = f_a(x)$

$$f_a(-x) = \frac{4(-x)^2}{3a^2 + (-x)^2} = \frac{4x^2}{3a^2 + x^2} = f_a(x)$$

Damit ist für aller Funktionen f_a, also auch für die Funktion f_1, die Achsensymmetrie zur y-Achse gezeigt.

$$f_1(x) = \frac{4x^2}{3 + x^2}$$

Extrempunkt: $\underline{\underline{E_{Min}(0; 0)}}$ mit GTR

Nachweis der Anzahl der Wendepunkte:

$$f_1'(x) = \frac{8x(3+x^2) - 4x^2 \cdot 2x}{(3+x^2)^2} = \frac{24x}{(3+x^2)^2}$$

$$f_1''(x) = \frac{24(3+x^2)^{\not 2\, 1} - 24x \cdot 2\cancel{(3+x^2)^1} \cdot 2x}{(3+x^2)^{\not 4\, 3}}$$

$$f_1''(x) = \frac{72 - 72x^2}{(3+x^2)^3}$$

Da die Zählerfunktion der 2. Ableitung quadratisch ist hat sie höchstens zwei Nullstellen, also hier $x_{1;\,2} = \pm 1$ und damit hat die Funktion f_1 zwei Wendepunkte.

b) Skizze: (für a = 2)

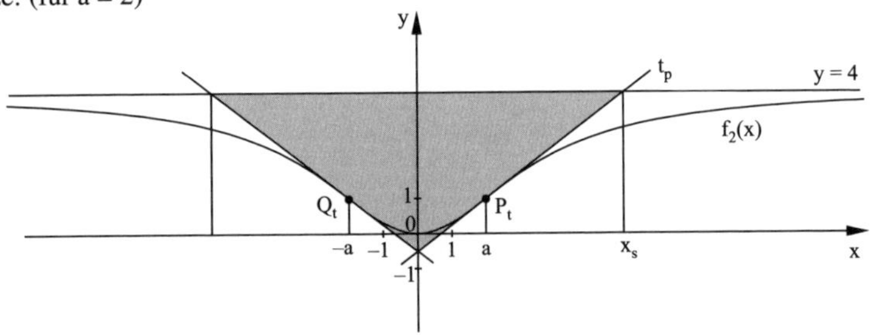

Gleichung der Tangente t_P:

$$f_a'(x) = \frac{8x(3a^2 + x^2) - 4x^2 \cdot 2x}{(3a^2 + x^2)^2} = \frac{24a^2x}{(3a^2 + x^2)^2}$$

$$m_{t_P} = f_a'(a) = \frac{24a^3}{16a^4} = \frac{3}{2a}$$

$$f_a(a) = \frac{4a^2}{4a^2} = 1$$

$$y = mx + n$$

$$1 = \frac{3}{2\cancel{a}} \cdot \cancel{a} + n$$

$$n = -0{,}5$$

$$\underline{\underline{t_P: y = \frac{3}{2a}x - \frac{1}{2}}}$$

Schnittstelle x_S der Geraden t_P und $y = 4$:

$$4 = \frac{3}{2a}x_S - \frac{1}{2}$$

$$\underline{\underline{x_S = 3a}}$$

Flächeninhalt A des Dreiecks:

$$A = \frac{1}{2}g \cdot h$$

$$A = \frac{1}{2} \cdot 2x_S \cdot (4 - n)$$

$$A = \frac{1}{\cancel{2}} \cdot \cancel{2} \cdot 3a \cdot \left(4 + \frac{1}{2}\right)$$

$$\underline{\underline{A = \frac{27}{2}a}}$$

Der Flächeninhalt beträgt 13,5a.

Grundkurs Mathematik (Sachsen): Abiturprüfung 2000 (Nachtermin)
Wahlaufgabe D2 – Geometrie/Algebra

In einem kartesischen Koordinatensystem sind die Punkte A(1; 0; 0), B(6; 1; 0), C(6; 5; 0) und $D\left(-\frac{7}{13}; \frac{48}{13}; 0\right)$ gegeben.

a) Weisen Sie rechnerisch nach, dass das Viereck ABCD ein Trapez ist. (2 BE)

b) Zeigen Sie rechnerisch, dass die Punkte A, B, C und D Eckpunkte eines Sehnenvierecks sind.
Auf dem Umkreis k_1 dieses Sehnenvierecks existiert ein vom Punkt D verschiedener Punkt F so, dass das Viereck ABCF ebenfalls ein Trapez ist.
Berechnen Sie die Koordinaten des Punktes F. (5 BE)

c) Der Punkt B ist Mittelpunkt eines in der x-y-Koordinatenebene liegenden Kreises k_2, der durch den Koordinatenursprung verläuft. Für jedes $z (z \in \mathbb{R}, z \neq 0)$ ist der Punkt $S_z(x; y; z)$ Spitze eines Kreiskegels mit dem Grundkreis k_2.
Ermitteln Sie alle Werte z, für die das Volumen dieses Kreiskegels 111π beträgt. (3 BE)

(10 BE)

Lösungen

a) Ein Viereck ABCD ist ein Trapez, wenn es mindestens ein Paar paralleler Gegenseiten gibt.

$$\overrightarrow{AB} = \begin{pmatrix} 5 \\ 1 \\ 0 \end{pmatrix}$$

$$\overrightarrow{BC} = \begin{pmatrix} 0 \\ 4 \\ 0 \end{pmatrix}$$

$$\overrightarrow{CD} = \begin{pmatrix} -\frac{85}{13} \\ -\frac{17}{13} \\ 0 \end{pmatrix}$$

$\overrightarrow{AB} = -\frac{13}{17}\overrightarrow{CD}$, d. h. $\overrightarrow{AB} \parallel \overrightarrow{CD}$

Somit ist das Viereck ABCD ein Trapez.

b) Wenn das Viereck ABCD ein Sehnenviereck ist, so liegen seine vier Eckpunkte auf einem Kreis k_1: $(x - x_M)^2 + (y - y_M)^2 = r^2$ $(z = 0)$

Weg 1:

$$\begin{aligned}
&\text{(I) } A \in k_1: && (1-x_M)^2 + y_M^2 = r^2 \\
&\text{(II) } B \in k_1: && (6-x_M)^2 + (1-y_M)^2 = r^2 \\
&\text{(III) } C \in k_1: && (6-x_M)^2 + (5-y_M)^2 = r^2 \\
\hline
&\text{(II)} - \text{(III)} && (1-y_M)^2 - (5-y_M)^2 = 0
\end{aligned}$$

$$1 - 2y_M + y_M^2 - (25 - 10y_M + y_M^2) = 0$$

$$-24 + 8y_M = 0$$

$$\underline{y_M = 3}$$

$$\begin{aligned}
&y_M \text{ in (I)}: && 1 - 2x_M + x_M^2 + 9 = r^2 \\
&\text{(IV)} && 10 - 2x_M + x_M^2 = r^2 \\
&y_M \text{ in (II)}: && 36 - 12x_M + x_M^2 + 4 = r^2 \\
&\text{(V)} && 40 - 12x_M + x_M^2 = r^2 \\
\hline
&\text{(IV)} - \text{(V)} && -30 + 10x_M = 0 \\
& && \underline{x_M = 3} \qquad M(3; 3)
\end{aligned}$$

Weg 2: Schnitt zweier Mittelsenkrechten (siehe Skizze)

$m_{\overline{AB}}$: $M_{\overline{AB}}(3{,}5;\,0{,}5)$

$$m_{g_{AB}} = \frac{1}{5} \;\Rightarrow\; m_{m_{\overline{AB}}} = -5 = -\frac{1}{m_{g_{AB}}}$$

$$y = mx + n$$
$$0{,}5 = -5 \cdot 3{,}5 + n$$
$$n = 18$$
$$\underline{m_{\overline{AB}}:\; y = -5x + 18}$$

$m_{\overline{BC}}$: $M_{\overline{BC}}(6;\,3)$

$$m_{m_{\overline{BC}}} = 0$$
$$\underline{m_{\overline{BC}}:\; y = 3}$$

Schnitt beider Mittelsenkrechten:

$$3 = -5x_M + 18$$
$$\underline{\underline{x_M = 3}} \quad \underline{\underline{M(3;\,3)}}$$

$$r = |\overrightarrow{AM}| = \sqrt{2^2 + 3^2} = \sqrt{13}$$
$$\Rightarrow \underline{\underline{k: (x-3)^2 + (y-3)^2 = 13}}$$

Probe für D: $\left(-\frac{7}{13} - 3\right)^2 + \left(\frac{48}{13} - 3\right)^2 = 13$ w. A. $\Rightarrow$ ABCD ist ein Sehnenviereck.

Skizze:

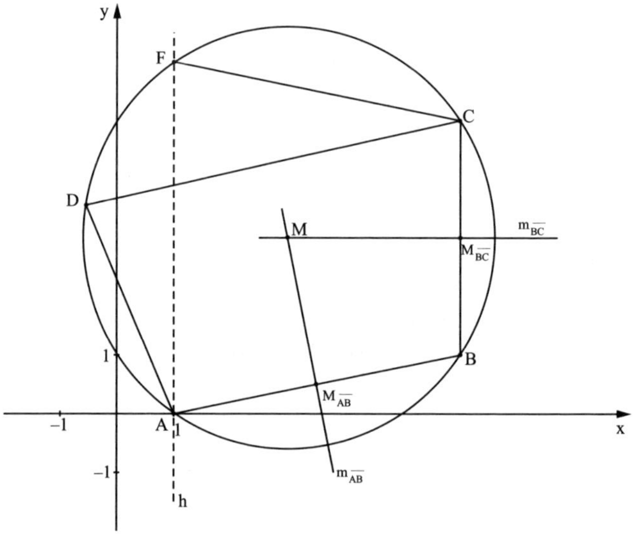

Koordinaten des Punktes F:

Trapez ABCF mit $\overline{BC} \parallel \overline{AF}$

Gerade $h \parallel g_{BC}$ durch A: $\vec{x} = \begin{pmatrix} 1 \\ 0 \end{pmatrix} + r \begin{pmatrix} 0 \\ 1 \end{pmatrix} r \in \mathbb{R}$

bzw. $x = 1$

Schnitt von Gerade h mit Kreis k:

$$(1-3)^2 + (y-3)^2 = 13$$
$$y^2 - 6y = 0$$
$$y(y-6) = 0$$
$$y_1 = 0 = y_A$$
$$\underline{y_2 = 6 = y_F} \quad \underline{\underline{F(1; 6)}}$$

c) Kreisgleichung für k_2:

$$\left.\begin{array}{l} M(6; 1) \\ r = |\overrightarrow{OB}| = |\overrightarrow{OM}| = \sqrt{37} \end{array}\right\} k: (x-6)^2 + (y-1)^2 = 37$$

Volumen des Kreiskegels:

$$V = \frac{1}{3}\pi r^2 \cdot h \qquad h = |z|$$
$$111\pi = \frac{1}{3}\pi \cdot 37 \cdot |z|$$
$$|z| = 9$$
$$\underline{\underline{z_1 = 9 \text{ und } z_2 = -9}}$$

Grundkurs Mathematik (Sachsen): Abiturprüfung 2001
Pflichtaufgabe A – Analysis

Gegeben ist die Funktion f durch

$y = f(x) = e^x \cdot (2 - 0{,}5x) \quad (x \in R).$

a) Geben Sie die Nullstelle der Funktion f und die Koordinaten des Schnittpunktes des Graphen mit der y-Achse an.
Berechnen Sie die Koordinaten des lokalen Extrempunktes des Graphen der Funktion f und geben Sie die Art des Extremums an.
Weisen Sie rechnerisch nach, dass der Graph der Funktion f genau einen Wendepunkt besitzt, und geben Sie dessen Koordinaten an. (8 BE)

b) Gegeben ist die Funktion F durch $y = F(x) = e^x \cdot (2{,}5 - 0{,}5x) \quad (x \in R)$.
Weisen Sie nach, dass die Funktion F eine Stammfunktion der Funktion f ist.
Ermitteln Sie eine Gleichung derjenigen Stammfunktion der Funktion f, deren Graph den Graphen der Funktion f auf der y-Achse schneidet. (4 BE)

c) Im Punkt R(0; f(0)) wird die Tangente t an den Graphen der Funktion f gelegt.
Ermitteln Sie eine Gleichung dieser Tangente.
Der Graph der Funktion f und die Gerade t begrenzen eine Fläche vollständig.
Bestimmen Sie den Inhalt dieser Fläche. (5 BE)

d) Für jedes $u (u \in R, 0 < u < 4)$ existiert ein Punkt $C_u(u; f(u))$.
Die Punkte A(–1; 0), B(4; 0) und C_u sind die Eckpunkte eines Dreiecks.
Bestimmen Sie die Koordinaten des Punktes C_u so, dass der Flächeninhalt des zugehörigen Dreiecks maximal wird.
Geben Sie diesen maximalen Flächeninhalt an. (4 BE)

e) Die Gerade g mit der Gleichung $y = g(x) = 1{,}5x + 2$ berührt im Punkt R(0; f(0)) den Graphen der Funktion f. Sie berührt in diesem Punkt gleichzeitig einen Kreis, dessen Mittelpunkt auf dem positiven Teil der x-Achse liegt.
Bestimmen Sie den Radius des Kreises. (4 BE)

(25 BE)

Lösungen

a) Nullstelle: $\underline{\underline{x_N = 4}}$

Schnittpunkt mit y-Achse: $\underline{\underline{S_y(0;2)}}$

Extrempunkte:
$$f'(x) = e^x(2-0{,}5x) - 0{,}5e^x$$
$$f'(x) = e^x(1{,}5-0{,}5x)$$
$$f''(x) = e^x(1{,}5-0{,}5x) - 0{,}5e^x$$
$$f''(x) = e^x(1-0{,}5x)$$
$$f'(x_E) = 0 = \underbrace{e^{x_E}}_{\neq 0}(1{,}5-0{,}5x_E)$$
$$\underline{x_E = 3} \quad f(x_E) = \underline{y_E = 0{,}5e^3} \quad \underline{\underline{E(3;0{,}5e^3)}}$$
$$f''(3) = e^3(1-1{,}5) = -0{,}5e^3 < 0 \Rightarrow \text{lokales Maximum}$$

Wendepunkte:
$$f''(x_W) = 0 = \underbrace{e^{x_W}}_{\neq 0}(1-0{,}5x_W)$$
$$\underline{x_W = 2} \quad \underline{\underline{W(2;e^2)}}$$
$$f'''(x) = e^x(1-0{,}5x) - 0{,}5e^x$$
$$= e^x(0{,}5-0{,}5x)$$
$$f'''(2) = e^2(0{,}5-1) = -0{,}5e^2 \neq 0 \Rightarrow \text{es existiert genau ein Wendepunkt}$$

b) F ist Stammfunktion der Funktion f, wenn gilt: F'(x) = f(x).

Nachweis:
$$F'(x) = e^x(2{,}5-0{,}5x) - 0{,}5e^x$$
$$F'(x) = e^x(2-0{,}5x)$$
$$\underline{\underline{F'(x) = f(x)}} \Rightarrow \text{F ist Stammfunktion der Funktion f}$$

spezielle Stammfunktion: $F^*(x) = e^x(2{,}5-0{,}5x) + c$

mit $S_y(0;2)$ folgt: $F^*(0) = e^0(2{,}5-0{,}5\cdot 0) + c = 2$

$$\underline{c = -0{,}5}$$
$$\Rightarrow \underline{\underline{F^*(x) = e^x(2{,}5-0{,}5x) - 0{,}5}}$$

c) Tangentengleichung: t: $y = m_t x + n$
mit $f(0) = 2 = n$
und $m_t = f'(0) = 1{,}5$ folgt $\Rightarrow$ $\underline{\underline{t: y = 1{,}5x + 2}}$

Skizze:

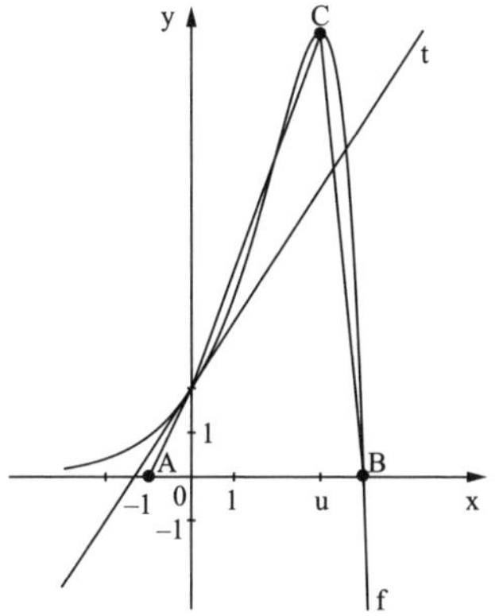

Flächeninhalt: $A = \int\limits_{x_{S_1}}^{x_{S_2}} [f(x) - (1{,}5x + 2)]\,dx$

mit $e^{x_S}(2 - 0{,}5x_S) = 1{,}5x_S + 2$

$$\left.\begin{aligned} x_{S_1} &= 0 \\ x_{S_2} &= 3{,}59 \end{aligned}\right\} \text{mit GTR}$$

folgt: $A = \int\limits_0^{3{,}59} [f(x) - 1{,}5x - 2]\,dx$

$A = \left[e^x(2{,}5 - 0{,}5x) - 0{,}75x^2 - 2x\right]_0^{3{,}59}$

$\underline{\underline{A \approx 6{,}2}}$

Der Flächeninhalt beträgt 6,2 FE.

d) Skizze: siehe c

HB: $A(g; h) = \frac{1}{2} g \cdot h$ mit NB: $g = 4 - (-1) = 5$

$h = f(u) = e^u(2 - 0{,}5u)$

lautet die Zielfunktion: $A(u) = \frac{5}{2} e^u (2 - 0{,}5u)$

$\underline{u = 3}$ $\quad \underline{f(u) = 0{,}5e^3}$ $\quad \underline{\underline{C_u(3; 0{,}5e^3)}}$

(Lösung mittels GTR bestimmen, indem man z. B. den Graphen der Funktion A(u) im GRAPH-Menü zeichnet und die Koordinaten seines Maximums ermittelt. Dabei gilt:

$x_{max} = u = 3$
$y_{max} = A(u) \approx 25{,}1$)

Der maximale Flächeninhalt beträgt $A = 1{,}25e^3 \approx 25{,}1$ FE.

e) Gleichung der Senkrechten s zur Gerade t durch den Punkt R(0; 2):

s: $y = m_s x + n$ mit mit $m_s = -\frac{1}{m_t} = -\frac{2}{3}$

und $f(0) = n = 2$

folgt: s: $y = -\frac{2}{3}x + 2$

Schnittpunkt S von s mit x-Achse:

$0 = -\frac{2}{3}x + 2$

$\underline{x = 3}$ $\underline{S(3; 0)}$

Radius des Kreises r: $r = |\overline{RS}|$

$\underline{\underline{r = \sqrt{3^2 + 2^2} = \sqrt{13}}}$

Grundkurs Mathematik (Sachsen): Abiturprüfung 2001
Pflichtaufgabe B – Geometrie/Algebra

In einem kartesischen Koordinatensystem sind die Punkte A(2; 1; 0), B(10; –1; 0) und C(11; 3; 0) gegeben.

a) Weisen Sie nach, dass das Dreieck ABC rechtwinklig, aber nicht gleichschenklig ist.
Berechnen Sie den Flächeninhalt dieses Dreiecks.
Ermitteln Sie eine Gleichung des in der x-y-Ebene liegenden Umkreises dieses Dreiecks. (7 BE)

b) Es gibt Punkte $P_i (i \in N)$, so dass A, P_i und C Eckpunkte eines in der x-y-Ebene liegenden rechtwinkligen und gleichschenkligen Dreiecks mit der Hypotenuse $\overline{AC}$ sind.
Wie viele solcher Punkte kann es geben? Begründen Sie Ihre Entscheidung.
Geben Sie die Koordinaten eines solchen Punktes an. (3 BE)

c) Es existiert genau ein Punkt D, so dass das Viereck ABCD ein Drachenviereck ist.
Berechnen Sie die Koordinaten des Punktes D. (2 BE)

d) Der Punkt S(11; 3; 8) ist die Spitze der Pyramide ABCS. Die zur x-y-Ebene parallele Ebene durch den Mittelpunkt $M_{\overline{AS}}$ der Strecke $\overline{AS}$ zerlegt die Pyramide ABCS in einen Pyramidenstumpf und eine Restpyramide.
Berechnen Sie das Volumen des Pyramidenstumpfes. (3 BE)

(15 BE)

Lösungen

a) ΔABC rechtwinklig, wenn 2 Seiten senkrecht aufeinander stehen.

$$\left.\begin{array}{l}\overrightarrow{AB} = \begin{pmatrix} 8 \\ -2 \\ 0 \end{pmatrix} \\ \overrightarrow{BC} = \begin{pmatrix} 1 \\ 4 \\ 0 \end{pmatrix}\end{array}\right\} \overrightarrow{AB} \circ \overrightarrow{BC} = 8 - 8 = 0 \quad \Rightarrow \quad \overrightarrow{AB} \perp \overrightarrow{BC} \quad \Rightarrow \quad \Delta ABC \text{ rechtwinklig}$$

$$\overrightarrow{AC} = \begin{pmatrix} 9 \\ 2 \\ 0 \end{pmatrix}$$

ΔABC gleichschenklig, wenn 2 Seiten gleichlang sind.

$$\left.\begin{array}{l}|\overrightarrow{AB}| = \sqrt{68} \\ |\overrightarrow{BC}| = \sqrt{17} \\ |\overrightarrow{AC}| = \sqrt{85}\end{array}\right\} |\overrightarrow{AB}| \neq |\overrightarrow{BC}| \neq |\overrightarrow{AC}| \quad \Rightarrow \quad \Delta ABC \text{ nicht gleichschenklig}$$

Flächeninhalt des rechtwinkligen Dreiecks:

$$A = \frac{1}{2} a \cdot b$$

$$A = \frac{1}{2} |\overrightarrow{AB}| \cdot |\overrightarrow{BC}|$$

$$A = \frac{1}{2} \cdot \sqrt{68} \cdot \sqrt{17}$$

$$\underline{\underline{A = 17}}$$

Das Dreieck hat einen Flächeninhalt von 17 FE.

Gleichung des Umkreises k des Dreiecks ABC in der x-y-Ebene (z = 0):
allgemeine Kreisgleichung: $(x - x_M)^2 + (y - y_M^2) = r^2$

$$A \in k: \quad (2 - x_M)^2 + (1 - y_M)^2 = r^2$$

$$B \in k: \quad (10 - x_M)^2 + (-1 - y_M)^2 = r^2$$

$$C \in k: \quad (11 - x_M)^2 + (3 - y_M)^2 = r^2$$

Lösung z. B. mit entsprechendem GTR-Programm:

$$M(6{,}5; 2) \text{ und } r^2 = 21{,}25$$

$$\Rightarrow \quad \underline{\underline{k: (x - 6{,}5)^2 + (y - 2)^2 = 21{,}25}}$$

Hinweis:
Eine weitere Möglichkeit zur Erstellung der Kreisgleichung besteht darin, den Umkreismittelpunktes als Schnittpunkt der Mittelsenkrechten und des Umkreisradius als Abstand zwischen Umkreismittelpunkt und einem Eckpunkt zu bestimmen.

b) Es gibt 2 Punkte P_i und P_i^* in der x-y-Ebene, welche symmetrisch zu $\overline{AC}$ auf einem Kreis um M mit dem Durchmesser $\overline{AC}$ angeordnet sind und den gleichen Abstand zu A und C besitzen.

Skizze:

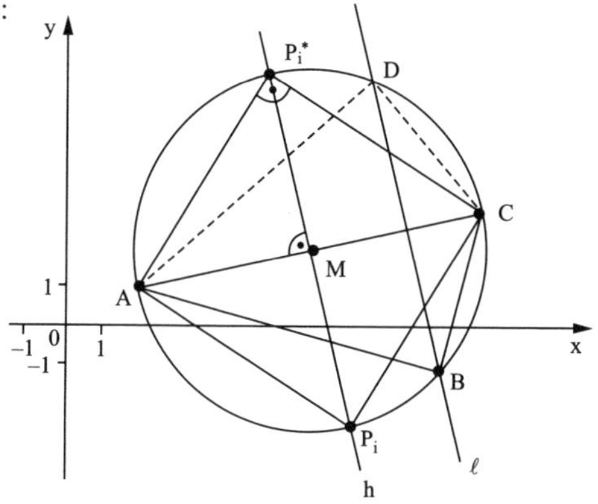

Weg 1: P_i^* und P_i konstruktiv bestimmen (nur Angabe laut Aufgabenstellung erforderlich)

$\underline{\underline{P_i^*(5{,}5; 6{,}5; 0) \text{ und } P_i(7{,}5; -2{,}5; 0)}}$

Weg 2: Gleichung einer Geraden h durch M und senkrecht zur Strecke $\overline{AC}$ erstellen und diese mit dem Kreis zum Schnitt bringen. (Berechnung für z = 0)

$$m_{g_{AC}} = \frac{2}{9} \rightarrow m_h = -\frac{1}{m_{g_{AC}}} = -\frac{9}{2}$$

$$M \in h: \quad 2 = -\frac{9}{2} \cdot 6{,}5 + n$$

$$n = 31{,}25$$

$$h\colon y = -\frac{9}{2}x + 31{,}25$$

$$h \text{ in } k\colon (x - 6{,}5)^2 + \left(-\frac{9}{2}x + 29{,}25\right)^2 = 21{,}25$$

mit GTR: $\left.\begin{matrix} x_1 = 7{,}5 \\ x_2 = 5{,}5 \end{matrix}\right\}$ Lösungen analog Weg 1

c) Skizze: siehe b

Hinweis: Berechnung erfolgt wieder in der x-y-Ebene (z = 0)

Gerade ℓ parallel zu h durch B:

$$\ell\colon\ -1 = -\frac{9}{2}\cdot 10 + n$$

$$n = 44$$

$$y = -\frac{9}{2}x + 44$$

$$\ell \text{ in k: } (x-6{,}5)^2 + \left(-\frac{9}{2}x + 42\right)^2 = 21{,}25$$

$$\frac{85}{4}x^2 - 391x + 1785 = 0$$

$$x_1 = 10 = x_B$$

$$\underline{x_2 = 8{,}4 \qquad y_2 = 6{,}2}$$

$$\Rightarrow\ \underline{\underline{D(8{,}4;\, 6{,}2;\, 0)}}$$

d) Volumen V der Pyramide ABCS:

$$V = \frac{1}{3}A_G \cdot h \qquad \text{mit} \quad A_G = \frac{1}{2}|\overrightarrow{AB}|\cdot|\overrightarrow{BC}|$$

$$\text{und} \quad h = z_s = 8$$

$$V = \frac{1}{3}\cdot\frac{1}{2}\sqrt{68}\cdot\sqrt{17}\cdot 8$$

$$\underline{V = 45\frac{1}{3}}$$

Volumen V_s der Spitze:

$$M_{\overline{AS}}(6{,}5;\, 2;\, 4) \ \Rightarrow\ \left.\begin{aligned} h_s &= \frac{1}{2}h = 4 \\ a_s &= \frac{1}{2}\,|\overrightarrow{AB}| \\ b_s &= \frac{1}{2}\,|\overrightarrow{BC}| \end{aligned}\right\}\ \text{Strahlensätze}$$

$$V_s = \frac{1}{3}\cdot\frac{1}{2}a_s\cdot b_s\cdot h_s$$

$$V_s = \frac{1}{3}\cdot\frac{1}{2}\cdot\frac{1}{2}\sqrt{68}\cdot\frac{1}{2}\sqrt{17}\cdot 4$$

$$V_s = \frac{1}{8}V$$

$$\underline{V_s = 5\frac{2}{3}}$$

Volumen des Pyramidenstumpfes:

$$V - V_s = 45\frac{1}{3} - 5\frac{2}{3} = 39\frac{2}{3} = \underline{\underline{\frac{119}{3}}}$$

Der Pyramidenstumpf hat ein Volumen von $\frac{119}{3}$ VE.

Grundkurs Mathematik (Sachsen): Abiturprüfung 2001
Pflichtaufgabe C – Stochastik

Jeder der sechs Buchstaben des Wortes „ABITUR" ist auf genau einen von sechs gleichartigen Tischtennisbällen geschrieben, die in einer Lostrommel liegen. Vor jeder Ziehung aus der Trommel wird gut gemischt. Der auf dem jeweiligen gezogenen Tischtennisball befindliche Buchstabe wird notiert, sodass mehrere Ziehungen dann „Wörter" ergeben.

Betrachtet werden zunächst das dreimalige Ziehen aus dieser Lostrommel und die folgenden daraus resultierenden Ereignisse:

Ereignis E_1: Das Wort „ABI" entsteht, d. h., die Buchstaben A, B und I werden in dieser Reihenfolge gezogen.

Ereignis E_2: Das entstandene „Wort" besteht aus drei gleichen Buchstaben.

a) Der gezogene Ball werde nach jeder Ziehung in die Lostrommel zurückgelegt.
Ermitteln Sie für die Ereignisse E_1 und E_2 jeweils die Wahrscheinlichkeit. (2 BE)

b) Der gezogene Ball werde nicht in die Lostrommel zurückgelegt.
Ermitteln Sie für die Ereignisse E_1 und E_2 jeweils die Wahrscheinlichkeit. (2 BE)

Im Folgenden wird der Zufallsversuch „18faches Ziehen aus der beschriebenen Lostrommel mit Zurücklegen" betrachtet.

c) Bestimmen Sie die Wahrscheinlichkeit dafür, dass mindestens so viele Bälle mit dem Buchstaben A gezogen werden, wie zu erwarten sind. (3 BE)

d) Geben Sie die Wahrscheinlichkeit dafür an, dass ein Wort entsteht, welches mit 4 Buchstaben A beginnt und an dessen restlichen 14 Stellen je ein von A verschiedener Buchstabe steht.
Erläutern Sie, wie Sie diese Wahrscheinlichkeit nutzen können, um die Wahrscheinlichkeit des folgenden Ereignisses E_3 zu ermitteln.
Ereignis E_3: Das entstandene Wort enthält genau viermal den Buchstaben A. (2 BE)

e) Als Wahrscheinlichkeit dafür, dass ein entstandenes „Wort" höchstens 17-mal den Buchstaben A enthält, zeigt ein Taschenrechner den Wert 1 an. Katharina schlussfolgert daraus, dass das Ereignis das sichere Ereignis dieses Zufallsversuches sei.
Werten Sie die Schlussfolgerung Katharinas. (1 BE)

(10 BE)

Lösungen

a) $P(E_1) = \left(\frac{1}{6}\right)^3 = \underline{\underline{\frac{1}{216}}}$

$P(E_2) = 6 \cdot \left(\frac{1}{6}\right)^3 = \underline{\underline{\frac{1}{36}}}$

b) $P(E_1) = \frac{1}{6} \cdot \frac{1}{5} \cdot \frac{1}{4} = \underline{\underline{\frac{1}{120}}}$

$P(E_2) = \underline{\underline{0}}$

c) X... Anzahl der gezogenen Bälle mit dem Buchstaben A
(X ist binomialverteilt mit n = 18, $p = \frac{1}{6}$)

$E(X) = n \cdot p = 18 \cdot \frac{1}{6} = 3$

$P(X \geq 3) = 1 - P(X \leq 2)$

$\underline{\underline{P(X \geq 3) = 0{,}5973}}$

d) $p = \left(\frac{1}{6}\right)^4 \left(\frac{5}{6}\right)^{14} = 0{,}00006$

Die Wahrscheinlichkeit des Ereignisses E_3 berechnet sich aus p, indem man diese Wahrscheinlichkeit p mit dem Binomialkoeffizienten $\binom{18}{4}$ multipliziert. Sein Wert gibt die Anzahl der möglichen Verteilungen der 4 Buchstaben A auf die 18 Stellen an.

e) Die Aussage von Katharina ist falsch, denn ein sicheres Ereignis tritt bei jeder Durchführung des Zufallsversuches ein. Wäre das Ereignis „höchstens 17-mal Buchstabe A im entstandenen Wort“ sicher, dann wäre das Ereignis „18-mal Buchstaben A im entstandenen Wort“ unmöglich. Das ist aber offensichtlich falsch, denn auch dieses Ereignis ist möglich. Seine Wahrscheinlichkeit ist aber so gering, dass der Taschenrechner als gerundeten Wert 1 für das in der Aufgabenstellung genannte Ereignis anzeigt.

Grundkurs Mathematik (Sachsen): Abiturprüfung 2001
Wahlaufgabe D1 – Analysis

Gegeben sind Funktionen f_t durch

$$y = f_t(x) = \frac{x-4}{x} - 2x + t \quad (t \in R, x \in D_{f_t}).$$

a) Zeigen Sie rechnerisch, dass die Gleichung der Funktion f_8 in der Form
$y = f_8(x) = \frac{-2x^2 + 9x - 4}{x} \quad (x \in D_{f_8})$ geschrieben werden kann.
Geben Sie für die Funktion f_8 den Definitionsbereich sowie die Koordinaten und die Art der lokalen Extrempunkte an. (3 BE)

b) Ermitteln Sie eine Gleichung derjenigen Stammfunktion F_8 der Funktion f_8, für die gilt $F_8(1) = 0$. (2 BE)

c) Jede Funktion f_t besitzt genau ein lokales Maximum.
Geben Sie die Koordinaten des lokalen Maximumpunktes in Abhängigkeit von t an.
Zeigen Sie, dass die erste Ableitung $f_t'(x)$ von t unabhängig ist, und deuten Sie den Sachverhalt geometrisch. (3 BE)

d) Ermitteln Sie alle reellen Zahlen p und q, für die die quadratische Funktion g mit der Gleichung $y = g(x) = x^2 + px + q$ an den Stellen $x_1 = 0{,}5$ und $x_2 = 4$ die gleichen Funktionswerte wie die Funktion f_8 hat. (2 BE)

(10 BE)

Lösungen

a) $f_8(x) = \frac{x-4}{x} - 2x + 8$

Weg 1: $f_8(x) = \frac{x - 4 - 2x^2 + 8x}{x} = \frac{-2x^2 + 9x - 4}{x}$

Weg 2: $(-2x^2 \underbrace{+ 8x + x}_{9x} - 4) : x = -2x + 8 + \frac{x-4}{x} = f_8(x)$

Beide Wege zeigen die Gleichwertigkeit beider Darstellungen der Funktion $f_8(x)$.

Db: $x \in \mathbb{R}, x \neq 0$

Extrempunkte: $E_{Min}(-1{,}4; 14{,}7)$

$\underline{\underline{E_{Max}(1{,}4; 3{,}3)}}$

b) F_8 ist Stammfunktion von f_8

$$f_8(x) = \frac{-2x^2 + 9x - 4}{x} = -2x + 9 - \frac{4}{x}$$

$$F_8(x) = -x^2 + 9x - 4\ln|x| + c$$

für $F_8(1) = 0$ folgt

$$0 = -1 + 9 - 4\ln|1| + c$$

$$c = -8$$

$$\Rightarrow \quad \underline{\underline{F_8(x) = -x^2 + 9x - 4\ln|x| - 8}}$$

c) $$f_t(x) = \frac{x-4}{x} - 2x + t = 1 - \frac{4}{x} - 2x + t$$

$$f_t'(x) = -2 + \frac{4}{x^2}$$

$$f_t''(x) = -\frac{8}{x^3}$$

$$f_t'(x_E) = 0 = -2 + \frac{4}{x_E^2}$$

$$\underline{x_{E_1} = \sqrt{2}}$$

$$(x_{E_2} = -\sqrt{2} \text{ entfällt, da Minimum})$$

$$f_t''(\sqrt{2}) = -\frac{8}{(\sqrt{2})^3} < 0 \quad \Rightarrow \quad \text{lokales Maximum}$$

$$f_t''(-\sqrt{2}) = \frac{-8}{(-\sqrt{2})^3} > 0 \quad \Rightarrow \quad \text{lokales Minimum}$$

also $$y_{E_1} = f(x_{E_1}) = \frac{\sqrt{2} - 4}{\sqrt{2}} - 2\sqrt{2} + t$$

$$y_{E_1} = 1 - 2\sqrt{2} - 2\sqrt{2} + t$$

$$\underline{y_{E_1} = 1 - 4\sqrt{2} + t}$$

$$\Rightarrow \quad \underline{\underline{E_{Max}(\sqrt{2}; 1 - 4\sqrt{2} + t)}}$$

$f_t'(x)$ ist von t unabhängig (Nachweis siehe Beginn von c), d. h. alle Funktionen der Schar haben an einer beliebigen Stelle x_0 die gleiche Steigung.

d) $$g(x) = x^2 + px + q$$

$$f_8\left(\frac{1}{2}\right) = 0 = g\left(\frac{1}{2}\right) = \frac{1}{4} + \frac{1}{2}p + q$$

$$\underline{f_8(4) = 0 = g(4) = 16 + 4p + q}$$

Lösung mit GTR: $\underline{\underline{p = -4{,}5 \qquad q = 2}}$

Grundkurs Mathematik (Sachsen): Abiturprüfung 2001
Wahlaufgabe D2 – Geometrie/Algebra

In einem kartesischen Koordinatensystem sind die Punkte A(0; 0; 1), B(4; 3; 9) und C(0; 0; 9) gegeben. Eine Einheit im Koordinatensystem entspricht einem Zentimeter. Bei Rotation des Dreiecks ABC um die z-Achse entsteht ein gerader Kreiskegel.

a) Begründen Sie, dass das Dreieck ABC rechtwinklig ist.
Berechnen Sie das Volumen des Kreiskegels. (4 BE)

b) Die y-z-Ebene ist eine Symmetrieebene des Kreiskegels. In dieser Ebene gibt es Geraden, die den auf dem Mantel des Kreiskegels liegenden Punkt P(0; 2,5; 5) enthalten und die teilweise im Inneren des Kreiskegels verlaufen. Zeigen Sie zeichnerisch, dass eine solche Gerade existiert, bei der die Länge der im Inneren verlaufenden Strecke minimal wird.
Geben Sie den Messwert für die Länge dieser Strecke an. (3 BE)

c) Weisen Sie rechnerisch nach, dass der Punkt $Q\left(\frac{9}{8}; \frac{3}{2}; 4\right)$ auf der Mantelfläche des Kreiskegels liegt.

(3 BE)
(10 BE)

Lösungen

a) Skizze:

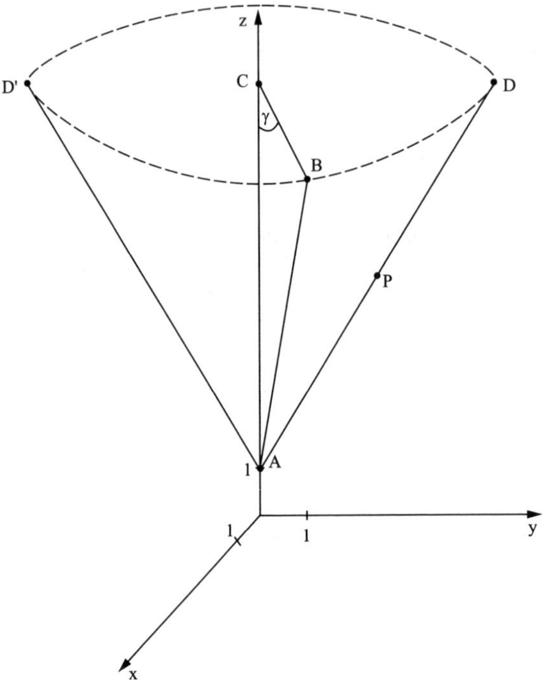

ΔABC rechtwinklig, wenn 2 Seiten senkrecht aufeinander stehen:

$$\left.\begin{array}{l}\overrightarrow{AB}=\begin{pmatrix}4\\3\\8\end{pmatrix}\\ \overrightarrow{BC}=\begin{pmatrix}-4\\-3\\0\end{pmatrix}\\ \overrightarrow{AC}=\begin{pmatrix}0\\0\\8\end{pmatrix}\end{array}\right\}\ \overrightarrow{BC}\circ\overrightarrow{AC}=0 \quad \begin{array}{l}\Rightarrow\ \overrightarrow{BC}\perp\overrightarrow{AC}\\ \Rightarrow\ \gamma=90^\circ\\ \Rightarrow\ \Delta ABC \text{ rechtwinklig}\end{array}$$

Volumen des Kreiskegels:

Skizze:

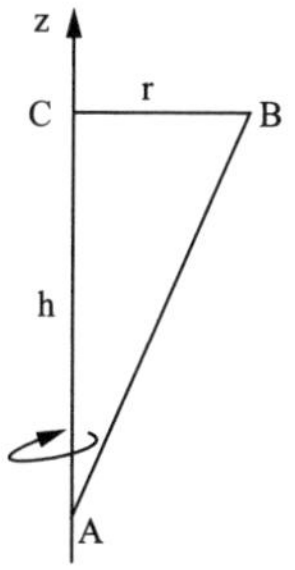

$r = |\overrightarrow{CB}| = 5$

$h = |\overrightarrow{AC}| = 8$

$V = \frac{1}{3}\pi r^2 \cdot h$

$V = \frac{1}{3}\pi \cdot 25 \cdot 8$

$\underline{V = \frac{200}{3}\pi \approx 209{,}4}$ (1 Einheit $\hat{=}$ 1 cm)

Das Volumen des Kreiskegels beträgt $\underline{\underline{209{,}4\ \text{cm}^3.}}$

b) Zeichnung für y-z-Ebene:

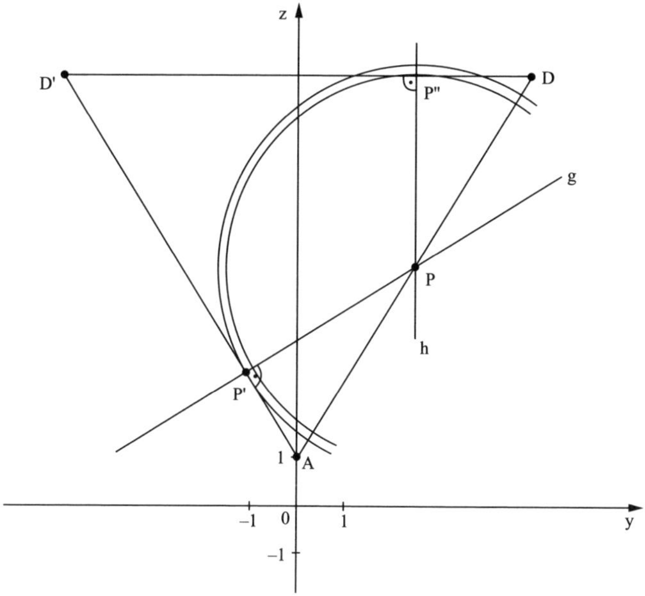

Streckenlänge: $\underline{\underline{l = |\overline{P''P}| \approx 4\ \text{cm}}}$

c) Abstand d des Punktes Q zur z-Achse:

$$d = \sqrt{\left(\frac{9}{8}\right)^2 + \left(\frac{3}{2}\right)^2} = 1{,}875$$

Läge Q auf der Mantelfläche des Kreiskegels, dann müsste laut Strahlensatz auch gelten:

$$\frac{5}{8} = \frac{x}{3}$$

$$x = \frac{15}{8} = 1{,}875$$

Skizze:

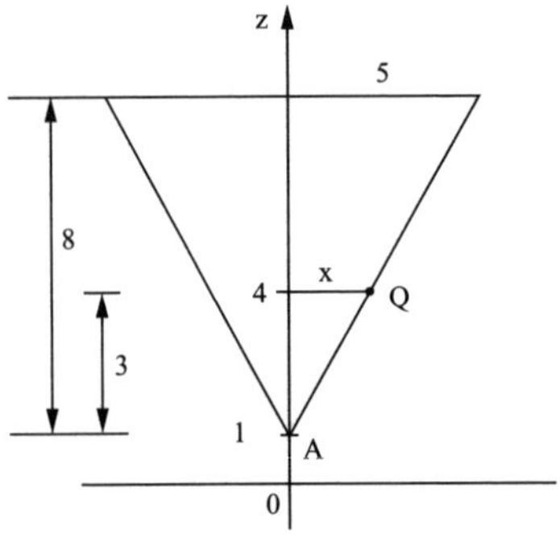

$\Rightarrow$ $\underline{\underline{x = d}} = 1{,}875$

$\Rightarrow$ Der Punkt Q liegt auf der Mantelfläche des Kreiskegels.

Grundkurs Mathematik (Sachsen): Abiturprüfung 2001 (Nachtermin)
Pflichtaufgabe A – Analysis

Gegeben ist eine Funktion f mit der Gleichung

$$y = f(x) = \frac{2}{3}x^3 - x^2 + \frac{3}{8}x \; (x \in \mathbb{R}).$$

a) Geben Sie für die Funktion f die Nullstellen, die Koordinaten der lokalen Extrempunkte und die Art der Extrema an.
Begründen Sie, dass der Graph der Funktion f genau einen Wendepunkt hat, und geben Sie die Koordinaten dieses Wendepunktes an. (9 BE)

b) Ermitteln Sie eine Gleichung der Tangente t an den Graphen der Funktion f im Punkt $P\left(\frac{1}{2}; \frac{1}{48}\right)$.
Die Tangente t und die Koordinatenachsen begrenzen ein Dreieck vollständig. Bestimmen Sie den Flächeninhalt dieses Dreiecks. (6 BE)

c) Geben Sie den Inhalt der Fläche an, die vom Graphen der Funktion f und der x-Achse vollständig begrenzt wird.
Bestimmen Sie eine Gleichung derjenigen Stammfunktion von f, deren Graph durch den Punkt A(0; 1) verläuft.
Es existiert eine Zahl a ($a \in \mathbb{R}$, $a > 0$) so, dass das bestimmte Integral

$$\int_a^0 f(x)\,dx = 1 \text{ ist.}$$

Ermitteln Sie diese Zahl a. (6 BE)

d) Eine Gerade g ist durch die Punkte A(0; 1) und B(4; 2,5) bestimmt.
Es existieren Tangenten an den Graphen der Funktion f, die parallel zur Geraden g verlaufen.
Ermitteln Sie die Abszissen der Berührungspunkte dieser Tangenten mit dem Graphen der Funktion f. (4 BE)

(25 BE)

Lösungen

a) Nullstellen: $\underline{\underline{x_{N_1} = 0}}$ $\underline{\underline{x_{N2} = \frac{3}{4}}}$

Extrempunkte: $\underline{\underline{E_{Max}\left(\frac{1}{4}; 0{,}042\right)}}$

$\underline{\underline{E_{Min}\left(\frac{3}{4}; 0\right)}}$

Wendepunkte: $f'(x) = 2x^2 - 2x + \frac{3}{8}$

$f''(x) = 4x - 2$

$f'''(x) = 4$

$f''(x_W) = 0 = 4x_W - 2$

$x_W = \frac{1}{2}$ $f\left(\frac{1}{2}\right) = \frac{1}{48}$ $\underline{\underline{W\left(\frac{1}{2}; \frac{1}{48}\right)}}$

$f'''\left(\frac{1}{2}\right) = 4 \neq 0$

Der Graph der Funktion hat genau einen Wendepunkt, da die 2. Ableitung dieser Funktion genau eine Nullstelle hat und die 3. Ableitung stets ungleich Null ist.

b) t … Tangentengleichung

t: $y = m_t x + n$ mit $P\left(\frac{1}{2}; \frac{1}{48}\right)$

und $f'\left(\frac{1}{2}\right) = m_t = -\frac{1}{8}$

folgt $\frac{1}{48} = -\frac{1}{8} \cdot \frac{1}{2} + n$

$n = \frac{1}{12}$

$\underline{\underline{t: y = -\frac{1}{8}x + \frac{1}{12}}}$

Flächeninhalt: $A = \frac{1}{2} n \cdot x_{N_t}$

mit $n = \frac{1}{12}$

und x_{N_t} … Nullstelle der Tangente

$$0 = -\frac{1}{8} x_{N_t} + \frac{1}{12}$$

$$x_{N_t} = \frac{2}{3}$$

folgt $\underline{\underline{A}} = \frac{1}{2} \cdot \frac{1}{12} \cdot \frac{2}{3} = \underline{\underline{\frac{1}{36}}}$

Das Dreieck hat einen Flächeninhalt von $\frac{1}{36}$ FE.

c) Flächeninhalt: $\underline{\underline{A = 0{,}018}}$ mittels GTR bestimmt

Stammfunktion der Funktion f:

$$F(x) = \frac{1}{6} x^4 - \frac{1}{3} x^3 + \frac{3}{16} x^2 + c$$

mit A(0; 1) $F(0) = \underline{c = 1}$

lautet die spezielle Stammfunktion

$$\underline{\underline{F(x) = \frac{1}{6} x^4 - \frac{1}{3} x^3 + \frac{3}{16} x^2 + 1}}$$

$$\int_0^a f(x)dx = 1 = \left[\frac{1}{6} x^4 - \frac{1}{3} x^3 + \frac{3}{16} x^2 + 1\right]_0^a$$

$$1 = \frac{1}{6} a^4 - \frac{1}{3} a^3 + \frac{3}{16} a^2 + 1 - 1$$

$$\underline{\underline{a_1 = 2{,}1}}$$

$a_2 = -1{,}13 \;\Rightarrow\;$ entfällt, da $a > 0$ als Bedingung steht

Die Lösung für a wurde mit dem GTR ermittelt. Eine Möglichkeit ist das Zeichnen des Graphen der Funktion $f(x) = \frac{1}{6} x^4 - \frac{1}{3} x^3 + \frac{3}{16} x^2 - 1$ und das Ablesen der Nullstellen, welche die Werte a_1 und a_2 liefern.

d) Gleichung der Geraden g durch die Punkte A(0; 1) und B(4; 2,5)

$g: y = mx + n$

$m = \frac{1-2{,}5}{0-4} = \frac{3}{8}$

$n = 1$, da $A(0;1) = S_y(0;1)$

folgt $\underline{g: y = \frac{3}{8}x + 1}$

$t \parallel g$, d. h. $m_g = m_t = f'(x_B) = \frac{3}{8}$

$\frac{3}{8} = 2x_B^2 - 2x_B + \frac{3}{8}$

$0 = 2x_B^2 - 2x_B$

$0 = 2x_B(x_B - 1)$

$\underline{\underline{x_{B_1} = 0}}$

$\underline{\underline{x_{B_2} = 1}}$

Grundkurs Mathematik (Sachsen): Abiturprüfung 2001 (Nachtermin)
Pflichtaufgabe B – Geometrie/Algebra

In einem kartesischen Koordinatensystem sind die Punkte A(2; 1; –1), B(6; 4; –2), C(5; 6; 0), D(1; 3; 1), F(4; 6; 4) und H(–1; 5; 7) gegeben.

Die Punkte A, B, C, D, E, F, G und H sind Eckpunkte eines schiefen Prismas mit der Grundfläche ABCD (vergl. Abbildung).

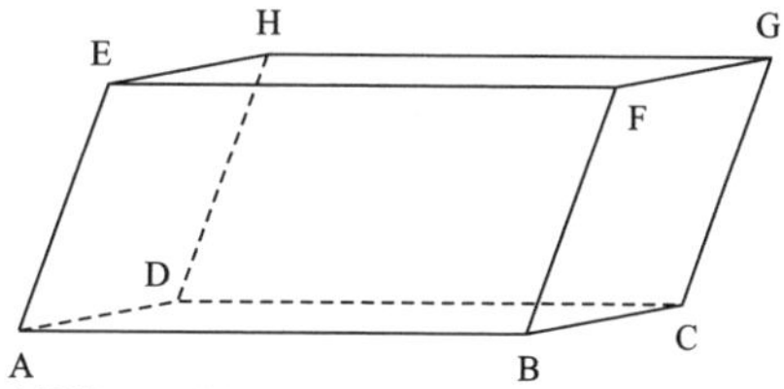

Abbildung (nicht maßstäblich)

a) Geben Sie die Koordinaten der Punkte G und E an. (2 BE)

b) Weisen Sie nach, dass die Grundfläche des Prismas ein Rechteck ist.
Untersuchen Sie, welche beiden Seitenflächen des Prismas den größten Flächeninhalt haben. (5 BE)

c) Untersuchen Sie, ob sich alle Raumdiagonalen des Prismas in genau einem Punkt schneiden.
Berechnen Sie gegebenenfalls die Koordinaten des Schnittpunktes dieser Diagonalen. (3 BE)

d) Eine zur Grundfläche parallele Ebene zerlegt das Prisma in zwei Teilkörper mit gleichen Volumina.
Ermitteln Sie eine Gleichung dieser Ebene in parameterfreier Form. (3 BE)

e) Untersuchen Sie rechnerisch, ob der Punkt P(3; 4; 1) im Inneren des Prismas liegt. (2 BE)

(15 BE)

a) $\overrightarrow{AE} = \overrightarrow{BF}$, d. h. $\begin{pmatrix} x_E - 2 \\ y_E - 1 \\ z_E + 1 \end{pmatrix} = \begin{pmatrix} -2 \\ 2 \\ 6 \end{pmatrix} \Rightarrow \underline{\underline{E(0; 3; 5)}}$

$\overrightarrow{CG} = \overrightarrow{BF}$, d. h. $\begin{pmatrix} x_G - 5 \\ y_G - 6 \\ z_G - 0 \end{pmatrix} = \begin{pmatrix} -2 \\ 2 \\ 6 \end{pmatrix} \Rightarrow \underline{\underline{G(3; 8; 6)}}$

b) ABCD ist ein Rechteck, wenn gegenüberliegende Seiten gleichlang sind und die Innenwinkel jeweils 90° sind.

$\overrightarrow{AB} = \begin{pmatrix} 4 \\ 3 \\ -1 \end{pmatrix} \quad |\overrightarrow{AB}| = \sqrt{26}$

$\overrightarrow{DC} = \begin{pmatrix} 4 \\ 3 \\ -1 \end{pmatrix} \quad |\overrightarrow{DC}| = \sqrt{26}$

$|\overrightarrow{AB}| = |\overrightarrow{DC}|$ und

$\overrightarrow{AB} = \overrightarrow{DC}$, d. h. die 2 Seiten sind sogar parallel

$\Rightarrow$ ABCD ist ein Parallelogramm (1)

$$\overrightarrow{AB} \circ \overrightarrow{AD} = \begin{pmatrix} 4 \\ 3 \\ -1 \end{pmatrix} \circ \begin{pmatrix} -1 \\ 2 \\ 2 \end{pmatrix} = -4 + 6 - 2 = 0 \Rightarrow \overrightarrow{AB} \perp \overrightarrow{AD} \; (2)$$

Aus (1) und (2) folgt, dass die Grundfläche des Prismas ein Rechteck ist.

Flächeninhalte der Seitenflächen:

$$A_{ABFE} = A_{DCGH} = |\overrightarrow{AB}| \cdot |\overrightarrow{AE}| \cdot \sin \sphericalangle EAB$$

mit $\overrightarrow{AE} = \begin{pmatrix} -2 \\ 2 \\ 6 \end{pmatrix}$ ist $|\overrightarrow{AE}| = \sqrt{44}$

$\overrightarrow{AB} = \begin{pmatrix} 4 \\ 3 \\ -1 \end{pmatrix}$ ist $|\overrightarrow{AB}| = \sqrt{26}$

$$\cos \sphericalangle EAB = \frac{\overrightarrow{AE} \circ \overrightarrow{AB}}{|\overrightarrow{AE}| \cdot |\overrightarrow{AB}|} = \frac{-8}{\sqrt{44} \cdot \sqrt{26}}$$

$$\sphericalangle EAB = 103{,}7°$$

folgt $A_{ABFE} = \sqrt{26} \cdot \sqrt{44} \cdot \sin 103{,}7°$

$\underline{A_{ABFE} = 32{,}86}$

$A_{BCGF} = A_{ADHE} = |\overrightarrow{BC}| \cdot |\overrightarrow{BF}| \cdot \sin \sphericalangle FBC$

mit $\overrightarrow{BC} = \begin{pmatrix} -1 \\ 2 \\ 2 \end{pmatrix}$ ist $|\overrightarrow{BC}| = 3$

$\overrightarrow{BF} = \begin{pmatrix} -2 \\ 2 \\ 6 \end{pmatrix}$ ist $|\overrightarrow{BF}| = \sqrt{44}$

$$\cos \sphericalangle FBC = \frac{\overrightarrow{BC} \circ \overrightarrow{BF}}{|\overrightarrow{BC}| \cdot |\overrightarrow{BF}|} = \frac{18}{3 \cdot \sqrt{44}}$$

$$\sphericalangle FBC = 25{,}2°$$

folgt $A_{BCGF} = 3 \cdot \sqrt{44} \cdot \sin 25{,}2°$

$\underline{A_{BCGF} = 8{,}49}$

Die Flächen ABFE und DCGH haben den größten Flächeninhalt.

c) Der Schnittpunkt S_1 der Raumdiagonalen $\overline{DF}$ und $\overline{BH}$ ist der Diagonalenschnittpunkt des Parallelogramms BFHD, der Schnittpunkt S_2 der Raumdiagonalen $\overline{AG}$ und $\overline{EC}$ ist der Diagonalenschnittpunkt des Parallelogramms ACGE.

$$S_1\left(\frac{x_B + x_H}{2}; \frac{y_B + y_H}{2}; \frac{z_B + z_H}{2}\right) = S_1\left(\frac{5}{2}; \frac{9}{2}; \frac{5}{2}\right)$$
$$S_2\left(\frac{x_A + x_G}{2}; \frac{y_A + y_G}{2}; \frac{z_A + z_G}{2}\right) = S_2\left(\frac{5}{2}; \frac{9}{2}; \frac{5}{2}\right)$$

Es gilt: $S_1 = S_2$, d. h. die Raumdiagonalen scheiden sich in genau einem

Punkt $\underline{\underline{S\left(\frac{5}{2}; \frac{9}{2}; \frac{5}{2}\right)}}$

d) Ebene E $\|$ zur Grundfläche, d. h. Spannvektoren sind analog den Spannvektoren der Grundfläche wählbar
und
ein Punkt dieser Ebene E ist ein Seitenmittelpunkt, z. B. $M_{\overline{AE}}(1; 2; 2)$

$$E: \vec{x} = \begin{pmatrix} 1 \\ 2 \\ 2 \end{pmatrix} + r\underbrace{\begin{pmatrix} 4 \\ 3 \\ -1 \end{pmatrix}}_{\overrightarrow{AB}} + s\underbrace{\begin{pmatrix} -1 \\ 2 \\ 2 \end{pmatrix}}_{\overrightarrow{AD}} \quad (r, s \in \mathbb{R})$$

Die Ebenengleichung in parameterfreier Form findet man z. B. unter Nutzung eines entsprechenden GTR-Programmes.

$\underline{\underline{E: 8x - 7y + 11z = 16}}$

e) P liegt innerhalb des Prismas, wenn z. B. gilt:

$\overrightarrow{DP} = r \cdot \overrightarrow{DA} + s \cdot \overrightarrow{AB} + t \cdot \overrightarrow{BF}$ ist eindeutig lösbar mit $0 < r, s, t < 1$

$$\begin{pmatrix} 2 \\ 1 \\ 0 \end{pmatrix} = r \cdot \begin{pmatrix} 1 \\ -2 \\ -2 \end{pmatrix} + s \cdot \begin{pmatrix} 4 \\ 3 \\ -1 \end{pmatrix} + t \cdot \begin{pmatrix} -2 \\ 2 \\ 6 \end{pmatrix}$$

mittels GTR ergibt sich als Lösung

$r = 0{,}5$
$s = 0{,}5$
$t = 0{,}25$

Damit ist die Bedingung $0 < r, s, t < 1$ erfüllt. Der Punkt P liegt im Inneren des Prismas.

Grundkurs Mathematik (Sachsen): Abiturprüfung 2001 (Nachtermin)
Pflichtaufgabe C – Stochastik

In einer Urne befinden sich 25 gleich große Kugeln, die mit den Zahlen 1 bis 25 gekennzeichnet sind.

a) Für das einmalige Ziehen einer Kugel interessieren folgende Ereignisse:
Ereignis A: Die Quersumme der Zahl auf der gezogenen Kugel ist 4.
Ereignis B: Die Zahl auf der gezogenen Kugel ist durch 2 oder durch 3 teilbar.
Geben Sie die Wahrscheinlichkeiten dieser Ereignisse an. (2 BE)

b) Ermitteln Sie die Wahrscheinlichkeit dafür, dass beim zweimaligen Ziehen mit Zurücklegen mindestens eine der gezogenen Zahlen größer als 18 ist. (1 BE)

c) Es werden sieben Ziehungen mit Zurücklegen durchgeführt.
Berechnen Sie die Wahrscheinlichkeit dafür, dass sich unter den sieben gezogenen Kugeln höchstens 5 mit einer geraden Zahl befinden. (2 BE)

d) Bei einem Gewinnspiel wählt der Spieler eine natürliche Zahl von 1 bis 25.
Danach wird aus der beschriebenen Urne 2-mal mit Zurücklegen gezogen.
Wird die gewählte Zahl gezogen, erhält er jeweils 100 €, bei jeder anderen Zahl hat er jeweils 4 € zu zahlen.

Würden Sie ein derartiges Spiel spielen?
Begründen Sie Ihre Entscheidung rechnerisch. (3 BE)

e) Wir betrachten folgenden Zufallsversuch:
Aus der beschriebenen Urne werden nacheinander Kugeln gezogen. Nach jeder Ziehung wird die Zahl festgestellt, mit der die Kugel gekennzeichnet ist.
Ist diese Zahl gerade, ist der Versuch beendet. Ist sie ungerade, wird diese Kugel beiseite gelegt und dafür in die Urne eine weitere Kugel mit einer geraden Zahl gegeben.
Nach maximal vier Ziehungen ist der Versuch unabhängig vom Ergebnis der 4. Ziehung beendet.

Berechnen Sie, mit wie vielen Ziehungen man durchschnittlich pro Versuch rechnen muss. (2 BE)

(10 BE)

Lösungen

a) $P(A) = \frac{3}{25} = 0{,}12$

$P(B) = \frac{16}{25} = 0{,}64$

b) X … Anzahl der gezogenen Zahlen größer als 18
(X ist binomialverteilt mit n = 2 und $p = \frac{7}{25}$)

$$P(X \geq 1) = 1 - P(X = 0)$$
$$= 1 - \binom{2}{0}\left(\frac{7}{25}\right)^0 \cdot \left(\frac{18}{25}\right)^2$$
$$= 0{,}4816$$

c) Y … Anzahl der gezogenen Kugeln mit geraden Zahlen
(Y ist binomialverteilt mit n = 7 und $p = \frac{12}{25}$)

$$P(Y \leq 5) = 1 - P(Y = 6) - P(Y = 7)$$
$$= 1 - \binom{7}{6}\left(\frac{12}{25}\right)^6 \cdot \frac{13}{25} - \binom{7}{7}\left(\frac{12}{25}\right)^7 \cdot \left(\frac{13}{25}\right)^0$$
$$= 0{,}9496$$

d) Z … Gewinn des Spielers in €

$Z = z_i$	$+200$	$+96$	-8
$P(Z = z_i)$	$\left(\frac{1}{25}\right)^2$	$2 \cdot \frac{1}{25} \cdot \frac{24}{25}$	$\left(\frac{24}{25}\right)^2$

$$E(Z) = 200 \cdot \left(\frac{1}{25}\right)^2 + 96 \cdot 2 \cdot \frac{1}{25} \cdot \frac{24}{25} - 8\left(\frac{24}{25}\right)^2$$
$$E(Z) = 0{,}32$$

Man könnte dieses Spiel spielen, da der Erwartungswert des Gewinnes für den Spieler größer 0 ist.

e) T … Anzahl der Ziehungen

$T = t_i$	1	2	3	4
$P(T = t_i)$	$\frac{12}{25}$	$\frac{13}{25} \cdot \frac{13}{25}$	$\frac{13}{25} \cdot \frac{12}{25} \cdot \frac{14}{25}$	$\frac{13}{25} \cdot \frac{12}{25} \cdot \frac{11}{25} \cdot \frac{10}{25} + \frac{13}{25} \cdot \frac{12}{25} \cdot \frac{11}{25} \cdot \frac{15}{25}$

$E(T) = 1{,}879 \approx 2$

Pro Versuch muss man durchschnittlich mit 2 Ziehungen rechnen.

Grundkurs Mathematik (Sachsen): Abiturprüfung 2001 (Nachtermin)
Wahlaufgabe D1 – Analysis

Der symmetrische Giebel eines Barockhauses soll rekonstruiert werden. Der Giebel ist in der Abbildung in einem Koordinatensystem dargestellt. Eine für alle x ($x \in \mathbb{R}$) definierte, gerade, ganzrationale Funktion f beschreibt im entsprechenden Intervall den oberen Giebelrand. Die x-Achse ist Tangente an den Graphen der Funktion f in den Punkten $P_1(-4; 0)$ und $P_2(4; 0)$ (1 Einheit = 1 m) Die maximale Höhe des Giebels über der Dachkante (x-Achse) beträgt 4,0 m. (siehe Abbildung).

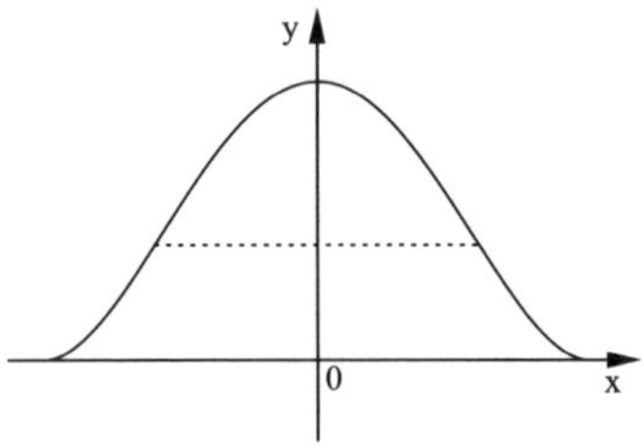

Abbildung (nicht maßstäblich)

a) Begründen Sie, dass die Funktion f eine Funktion mindestens 4. Grades sein muss. (1 BE)

b) Ermitteln Sie eine Gleichung der Funktion f. (4 BE)

c) Ein Architekt beschreibt einen solchen Giebelrand durch den Graphen der Funktion

$$g \text{ mit } y = g(x) = \left(\frac{1}{8}x^2 - 2\right)^2 \quad (x \in \mathbb{R}).$$

Dieser Giebel soll durch eine waagerechte Linie in zwei flächengleiche Teile zerlegt werden. Während der untere Teil des Giebels mit Ornamenten verziert wird, ist beabsichtigt, im oberen Teil des Giebels Fenster anzubringen.

Ermitteln Sie auf Dezimeter genau, bis zu welcher Höhe der Giebel mit Ornamenten versehen werden soll. (5 BE)

(10 BE)

Lösungen

a) Da diese Funktion mindestens drei Extrempunkte hat, muss die 1. Ableitung mindestens drei Nullstellen haben, d. h. die 1. Ableitungsfunktion muss mindestens 3. Grades, damit die Funktion f mindestens 4. Grades sein.

b) Ermitteln der Gleichung von f:

$f(x) = ax^4 + bx^3 + cx^2 + dx + e$

Funktion ist (1) gerade, d. h. f(x) = f(–x)
also b = d = 0 $\Rightarrow f(x) = ax^4 + cx^2 + e$

$f'(x) = 4ax^3 + 2cx$

weiterhin gilt:

(2) $x_{N_1} = -4$ und $x_{N_2} = 4$ $\Rightarrow f(-4) = f(4) = 0 = 256a + 16c + e$

(3) x-Achse ist Tangente in P_1 und P_2 $\Rightarrow f'(4) = 0 = 256a + 8c$

(4) $S_y(0; 4)$ $\Rightarrow f(0) = \underline{4 = e}$

(I) $0 = 256a + 16c + 4$

(II) $0 = 256a + 8c$

Ermitteln der Lösung mittels GTR:

$a = \frac{1}{64}$

$c = -\frac{1}{2}$

Funktionsgleichung: $\underline{\underline{f(x) = \frac{1}{64}x^4 - \frac{1}{2}x^2 + 4}}$

c) Da der Giebelrand durch einen Funktionsgraphen beschrieben wird, welcher symmetrisch zur y-Achse ist, betrachtet man zur Vereinfachung nur den linken oder rechten Teil des Graphen.

Skizze: Es gilt: $A_1 = A_2 = \frac{1}{2}A$

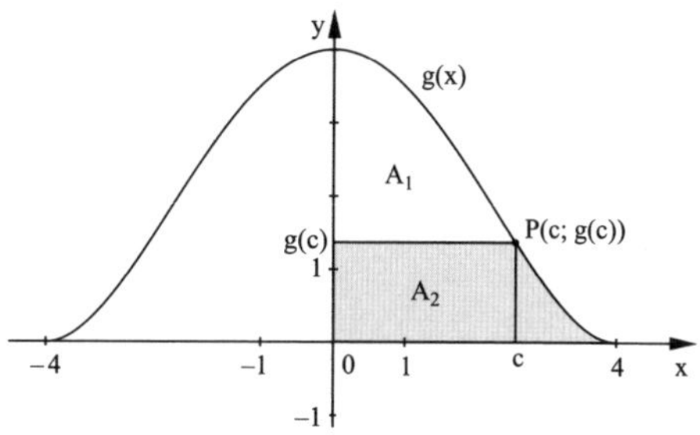

$$A=\int_0^4 g(x)dx$$

$$\left.\begin{aligned}A&=\int_0^4\left(\frac{1}{64}x^4-\frac{1}{2}x^2+4\right)dx\\A&=\left[\frac{1}{320}x^5-\frac{1}{6}x^3+4x\right]_0^4\end{aligned}\right\}\text{Für das „Ermitteln“ nicht notwendig.}$$

$$A=8\frac{8}{15}\approx 8{,}5\overline{3}$$

$$\frac{1}{2}A=4\frac{4}{15}=\int_0^c[g(x)-g(c)]dx$$

$$4\frac{4}{15}=\int_0^c\left[\frac{1}{64}x^4-\frac{1}{2}x^2+4-\left(\frac{1}{64}c^4-\frac{1}{2}c^2+4\right)\right]dx$$

$$4\frac{4}{15}=\left[\frac{1}{320}x^5-\frac{1}{6}x^3+4x-\left(\frac{1}{64}c^4-\frac{1}{2}c^2+4\right)x\right]_0^c$$

$$4\frac{4}{15}=-\frac{4}{320}c^5+\frac{1}{3}c^3$$

$c\approx 2{,}57$ (Lösung mittels GTR bestimmen, z. B. im GRAPH-MENÜ den Graphen der Funktion $f(x)=-\frac{4}{320}x^5+\frac{1}{3}x^3$ zeichnen und den x-Wert für $y=4\frac{4}{15}$ anzeigen lassen)

$\underline{\underline{h=g(c)\approx 1{,}4\text{ m}}}$

Bis zu einer Höhe von 1,4 m soll der Giebel mit Ornamenten versehen werden.

Grundkurs Mathematik (Sachsen): Abiturprüfung 2001 (Nachtermin)
Wahlaufgabe D2 – Geometrie/Algebra

In einem kartesischen Koordinatensystem sind die Punkte A(–1; 5; –3), C(–3; –9; –3) sowie für jedes t ($t \in \mathbb{R}$) eine Gerade g_t durch $\vec{x} = \begin{pmatrix} -t+1 \\ 2t-3 \\ -3 \end{pmatrix} + r \cdot \begin{pmatrix} -3 \\ 4 \\ 0 \end{pmatrix}$ ($r \in \mathbb{R}$) gegeben.

a) Zeigen Sie, dass der Punkt A auf der Geraden g_8 liegt.
Ermitteln Sie den Wert t, für den der Punkt C auf der zugehörigen Geraden g_t liegt. (2 BE)

b) Alle Geraden g_t liegen in einer Ebene E.
Geben Sie eine parameterfreie Gleichung der Ebene E an.
Beschreiben Sie die Lage der Ebene E im kartesischen Koordinatensystem. (2 BE)

c) Begründen Sie, dass keine der Geraden g_t durch den Koordinatenursprung verläuft.
Es gibt genau eine Gerade g_t, die vom Koordinatenursprung einen minimalen Abstand besitzt.
Ermitteln Sie eine Gleichung dieser Geraden. (3 BE)

d) Es existieren ein Punkt B auf der Geraden g_{-17} und ein Punkt D auf der Geraden g_8, sodass das Viereck ABCD ein Quadrat mit der Diagonale $\overline{AC}$ ist.
Berechnen Sie die Koordinaten der Punkte B und D. (3 BE)

(10 BE)

Lösungen

a) $g_8: \vec{x} = \begin{pmatrix} -7 \\ 13 \\ -3 \end{pmatrix} + r \cdot \begin{pmatrix} -3 \\ 4 \\ 0 \end{pmatrix} \quad (r \in \mathbb{R})$

Prüfung, ob $A \in g_8$:

$$\left.\begin{array}{rll} -1 = -7 - 3r_1 & r_1 = -2 \\ 5 = 13 + 4r_2 & r_2 = -2 \end{array}\right\} r_1 = r_2 \Rightarrow \underline{\underline{A \in g_8}}$$
$$-3 = -3 \quad \text{w. A}$$

Ermittlung von t für $C \in g_t$:

$$\left.\begin{array}{r} -3 = -t + 1 - 3r \\ -9 = 2t - 3 + 4r \end{array}\right\} \text{mittels GTR: } t = -17 \text{ und } r = 7$$
$$-3 = -3 \quad \text{w. A}$$

Für $t = -17$ liegt der Punkt C auf der zugehörigen Geraden g_{-17}.

b) Gleichung der Ebene in parameterfreier Form: $\underline{\underline{z = -3}}$

Alle Punkte der Ebene haben die z-Koordinate –3, d. h. die Ebene verläuft parallel zur x-y-Ebene im Abstand –3.

c) Prüfung, ob $0(0; 0; 0) \in g_t$:

$0 = -t + 1 - 3r$
$0 = 2t - 3 + 4r$
$0 = -3 \quad ↯ \quad \Rightarrow$ keine der Geraden g_t verläuft durch den Koordinatenursprung.

Die Gerade g_t, welche die z-Achse schneidet, hat den minimalen Abstand zum Koordinatenursprung: $S_y(0; 0; -3)$

$$\left.\begin{array}{r} 0 = -t + 1 - 3r \\ 0 = 2t - 3 + 4r \end{array}\right\} \text{Lösung mittels GTR: } t = 2{,}5 \text{ und } r = -0{,}5$$
$$-3 = -3$$

Für $t = 2{,}5$ hat die Gerade einen minimalen Abstand vom Koordinatenursprung.

$$\underline{\underline{g_{2,5}: \vec{x} = \begin{pmatrix} -1{,}5 \\ 2 \\ -3 \end{pmatrix} + r \cdot \begin{pmatrix} -3 \\ 4 \\ 0 \end{pmatrix} \quad (r \in \mathbb{R})}}$$

d) Skizze:

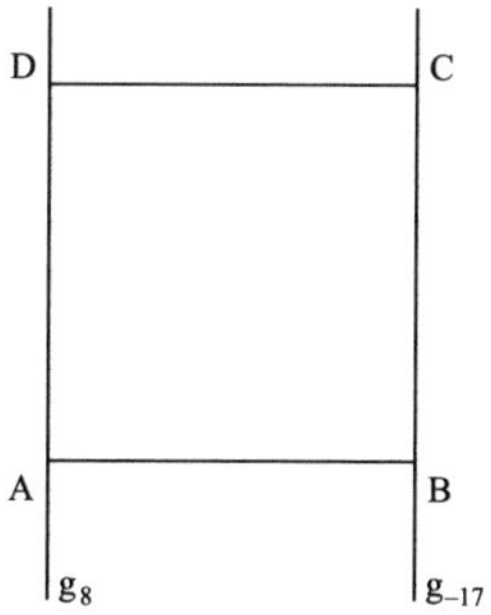

$A \in g_8$ siehe a) $\qquad C \in g_{-17}$ siehe a)
und $D \in g_8$ $\qquad$ und $B \in g_{-17}$

Das Viereck ABCD ist Quadrat mit Diagonale $\overline{AC}$ d. h. $\overline{BA} \perp \overline{BC}$, also $\overrightarrow{BA} \circ \overrightarrow{BC} = 0$

$$\begin{pmatrix} -1 - x_B \\ 5 - y_B \\ -3 - z_B \end{pmatrix} \circ \begin{pmatrix} -3 - x_B \\ -9 - y_B \\ -3 - z_B \end{pmatrix} = 0 \quad (1)$$

und $B \in g_{-17}$: $\vec{x} = \begin{pmatrix} 18 \\ -37 \\ -3 \end{pmatrix} + r \cdot \begin{pmatrix} -3 \\ 4 \\ 0 \end{pmatrix}$

also $\left.\begin{aligned} x_B &= 18 - 3r \\ y_B &= -37 + 4r \\ z_B &= -3 \end{aligned}\right\} \ (2)$

(2) in (1): $(-19 + 3r) \cdot (-21 + 3r) + (42 - 4r) \cdot (28 - 4r) = 0$
mittels GTR: $r_1 = 9 \Rightarrow \underline{\underline{B(-9; -1; -3)}}$

$r_2 = 7 \Rightarrow C(-3; -9; -3)$

außerdem gilt: $\overline{DA} \perp \overline{DC}$, also $\overrightarrow{DA} \circ \overrightarrow{DC} = 0$

$$\begin{pmatrix} -1 - x_D \\ 5 - y_D \\ -3 - z_D \end{pmatrix} \circ \begin{pmatrix} -3 - x_D \\ -9 - y_D \\ -3 - z_D \end{pmatrix} = 0 \quad (3)$$

und $D \in g_8$: $\vec{x} = \begin{pmatrix} -7 \\ 13 \\ -3 \end{pmatrix} + r \cdot \begin{pmatrix} -3 \\ 4 \\ 0 \end{pmatrix}$

also $\left.\begin{aligned} x_D &= -7 - 3r \\ y_D &= 13 + 4r \\ z_D &= -3 \end{aligned}\right\} \ (4)$

(4) in (3): $(6 + 3r) \cdot (4 + 3r) + (-8 - 4r) \cdot (-22 - 4r) = 0$
mittels GTR: $r_3 = -2 \Rightarrow A(-1; 5; -3)$

$r_4 = -4 \Rightarrow \underline{\underline{D(5; -3; -3)}}$

Grundkurs Mathematik (Sachsen): Abiturprüfung 2002
Pflichtaufgabe A – Analysis

Gegeben sind die Funktionen f und F durch die Gleichungen

$$y = f(x) = \frac{20x}{(x^2+3)^2}\ (x \in D_f) \text{ und } y = F(x) = -\frac{10}{x^2+3}\ (x \in \mathbb{R}).$$

a) Geben Sie den größtmöglichen Definitionsbereich und die Nullstelle der Funktion f an.
Untersuchen Sie die Funktion f auf Symmetrie.
Untersuchen Sie die Funktion f auf achsenparallele Asymptoten und geben Sie gegebenenfalls deren Gleichungen an.
Der Graph der Funktion f besitzt genau zwei lokale Extrempunkte P_{MIN} und P_{MAX}.
Geben Sie die Koordinaten dieser Punkte an. (9 BE)

b) Weisen Sie nach, dass die Funktion F eine Stammfunktion der Funktion f ist.
Begründen Sie, dass die Funktion F höchstens eine lokale Extremstelle hat.
Für jedes $a (a \in \mathbb{R}, a > 0)$ begrenzen der Graph der Funktion f, die x-Achse und die Gerade mit der Gleichung $x = a$ eine Fläche vollständig.
Berechnen Sie den Inhalt dieser Fläche in Abhängigkeit von a.
Ermitteln Sie den Wert a, für den der Flächeninhalt 2,5 beträgt. (7 BE)

c) Für jedes $u (u \in R,\ 0 < u < 10)$ sind der Koordinatenursprung und der Punkt $P_u(u; f(u))$ Eckpunkte eines achsenparallelen Rechtecks.
Es existiert genau ein Wert u, für den der Flächeninhalt des zugehörigen Rechtecks maximal wird.
Ermitteln Sie diesen Wert u und geben Sie den maximalen Flächeninhalt an. (4 BE)

d) Der Graph einer ganzrationlen Funktion g dritten Grades verläuft durch die lokalen Extrempunkte P_{MIN} und P_{MAX} des Graphen der Funktion f.
Außerdem hat die Funktion g an der Stelle $x = -\frac{1}{3}$ einen Wendepunkt.
In diesem Wendepunkt besitzt die Tangente an den Graphen der Funktion g den Anstieg $-\frac{1}{12}$.
Ermitteln Sie eine Gleichung der Funktion g. (5 BE)

(25 BE)

Lösungen

a) Definitionsbereich: $x \in \mathbb{R}$

Nullstelle: $\underline{\underline{x_N = 0}}$

Symmetrie: Zu zeigen ist für die

(1) Punktsymmetrie zum Koordinatenursprung
$f(-x) = -f(x)$
bzw. für die

(2) Achsensymmetrie zur y-Achse
$f(-x) = f(x)$.

$$f(-x) = \frac{-20x}{((-x)^2+3)^2} = \frac{-20x}{(x^2+3)^2} = -f(x)$$

$\Rightarrow$ Die Funktion ist punktsymmetrisch zum Koordinatenursprung.

Achsenparallele Asymptoten:

(1) Asymptoten parallel zur x-Achse:

$$\lim_{x \to \pm\infty} f(x) = 0 \quad \Rightarrow \quad \underline{\underline{y_A = 0}}$$

(2) Asymptoten parallel zur y-Achse:
Da die Funktion keine Polstellen hat, denn $(x^3+3)^2 \neq 0$ für alle $x \in \mathbb{R}$, besitzt sie auch keine senkrechten Asymptoten.

Extrempunkte:

Laut Aufgabenstellung ist nur eine Angabe mittels GTR notwendig:

$\underline{\underline{P_{MIN}\ (-1, -1{,}25)}}$

$\underline{\underline{P_{MAX}\ (1, 1, 25)}}$

b) Die Funktion F ist Stammfunktion der Funktion f,
gdw. gilt: $F'(x) = f(x)$

$$F(x) = -\frac{10}{x^2+3} = -10(x^2+3)^{-1}$$

$$F'(x) = 10(x^2+3)^{-2} \cdot 2x = \frac{20x}{(x^2+3)} = f(x)$$

Die Funktion F ist Stammfunktion der Funktion f.
Die Funktion F hat höchstens eine Extremstelle, da ihre erste Ableitungsfunktion f höchstens eine Nullstelle hat.

Flächeninhalt in Abhängigkeit von a:

$$A = \int_0^a f(x)dx = \left[-\frac{10}{x^2+3}\right]_0^a$$

$$= -\frac{10}{a^2+3} - \left(-\frac{10}{3}\right)$$

$$= -\frac{10}{a^2+3} + \frac{10}{3} = \underline{\underline{\frac{10a^2}{3a^2+9}}}$$

wenn A = 2,5, dann gilt

$$2{,}5 = -\frac{10}{a^2+3} + \frac{10}{3}$$

$$\frac{5}{6} = \frac{10}{a^2+3}$$

$$a^2 = 9$$

$$\underline{\underline{a = 3}}$$

a = –3 entfällt, da a > 0.

Für a = 3 beträgt der Flächeninhalt 2,5.

c) Skizze:

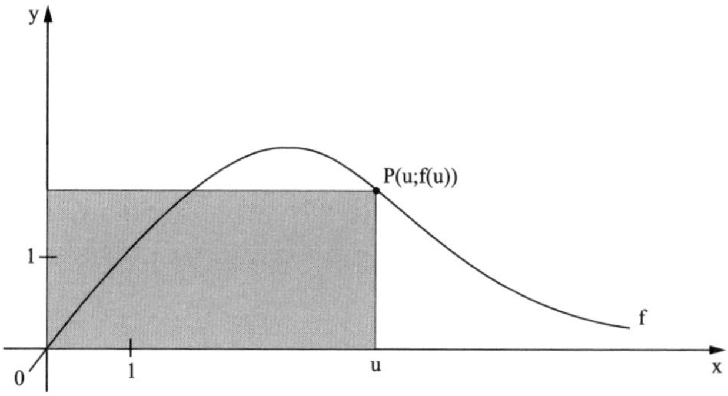

Hauptbedingung: $A = a \cdot b$

Nebenbedingungen: $a = u$

$$b = f(u) = \frac{20u}{(u^2+3)^2}$$

Zielfunktion: $A(u) = u \cdot f(u) = \frac{20u^2}{(u^2+3)^2}$

Zur Ermittlung des gesuchten Wertes u lässt man die Zielfunktion z. B. im GRAPH-Menü zeichnen und liest die Koordinaten des Maximum-Punktes ab. Die x-Koordinate ist der gesuchte Wert u, die y-Koordinate der maximale Flächeninhalt.

Für $u = \sqrt{3}$ ist der Flächeninhalt des Rechteckes maximal. Er beträgt $\approx 1{,}67$ FE.

d) Funktion 3. Grades $\quad g(x) = ax^3 + bx^2 + cx + d$

Ableitungen: $\quad g'(x) = 3ax^2 + 2bx + c$

$\quad g''(x) = 6ax + 2b$

(1) $P_{MIN}(-1; -1{,}25) \in g:$	$g(-1) = -a + b - c + d$	$= -1{,}25$
(2) $P_{MAX}(1; 1{,}25) \in g:$	$g(1) = a + b + c + d$	$= 1{,}25$
(3) $x_W = -\frac{1}{3}:$	$g''\left(-\frac{1}{3}\right) = -2a + 2b$	$= 0$
(4) $g'(x_W) = m_{t_w} = -\frac{1}{12}:$	$g'\left(-\frac{1}{3}\right) = \frac{1}{3}a - \frac{2}{3}b + c$	$= -\frac{1}{12}$

Zum Ermitteln der Lösung nutzt man ein MENÜ oder PROGRAMM zum Lösen eines Gleichungssystems aus vier Gleichungen.

Lösungen: $\quad a = b = 1 \quad c = \frac{1}{4} \quad d = -1$

Gleichung: $\quad g(x) = x^3 + x^2 + \frac{1}{4}x - 1$

Grundkurs Mathematik (Sachsen): Abiturprüfung 2002
Pflichtaufgabe B – Geometrie/Algebra

Die Abbildung zeigt die Skizze eines in einem kartesischen Koordinatensystem dargestellten geraden Prismas mit der Grundfläche ABCD und der Höhe h = 5.
Die Eckpunkte der Grundfläche sind die Punkte

$A(4; 3; 0)$, $B\left(\frac{21}{2}; \frac{9}{2}; 0\right)$, $C(14; 19; 0)$

und

$D\left(\frac{5}{2}; \frac{19}{2}; 0\right)$

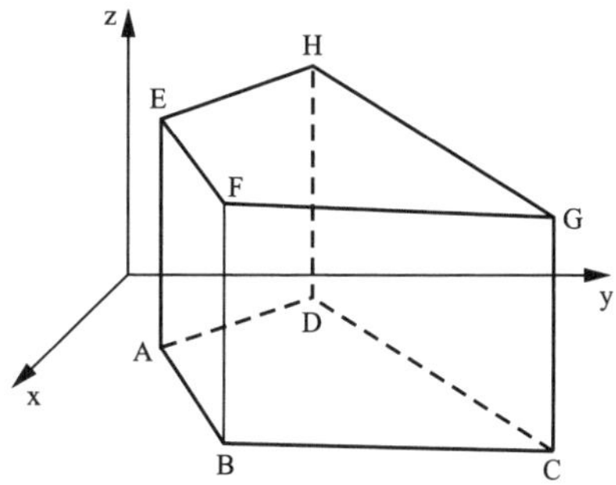

(Skizze nicht maßstäblich)

a) Geben Sie die Koordinaten der restlichen Eckpunkte des Prismas an.
Zeigen Sie, dass das Viereck ABCD ein Drachenviereck ist.
Ermitteln Sie die Größe des Winkels $\sphericalangle$ BAD. (6 BE)

b) Durch die Punkte A, C und E ist eine Ebene ε und durch die Punkte B und H eine Gerade h bestimmt.
Geben Sie jeweils eine Gleichung der Ebene ε und der Geraden h an.
Untersuchen Sie, ob der Punkt $Q\left(\frac{13}{2}; 7; \frac{5}{2}\right)$ Schnittpunkt der Ebene ε und der Geraden h ist. (4 BE)

c) Vom geraden Prisma ABCDEFGH wird die Pyramide mit der Grundfläche EFG und der Spitze B abgetrennt.
Begründen Sie, dass das Volumen des Restkörpers $\frac{5}{6}$ des Volumens des Prismas beträgt. (3 BE)

Die folgende Teilaufgabe bezieht sich nur auf die x-y-Ebene.

d) In der x-y-Ebene liegt ein Kreis k, dessen Radius $r = \sqrt{50}$ beträgt und dessen Mittelpunkt der Schnittpunkt der Diagonalen des Vierecks ABCD ist.
Die Gerade t sei Tangente an den Kreis k im Punkt $R\left(\frac{11}{2}; 14\right)$.
Ermitteln Sie eine Gleichung der Tangente t. (2 BE)

(15 BE)

Lösungen

a) Für die Eckpunkte A,B,C,D gilt $z = 0$.
Da $h = 5$ ist, gilt für die restlichen Eckpunkte $z = 5$.

$E(4; 3; 5)$, $F\left(\frac{21}{2}; \frac{9}{2}; 5\right)$, $G(14; 19; 5)$, $H\left(\frac{5}{2}; \frac{19}{2}; 5\right)$

Das Viereck ABCD ist ein Drachenviereck, wenn z. B.
gilt:

(1) Es gibt zwei Paar gleichlanger Nachbarseiten

oder:

(2) Die Diagonalen stehen senkrecht aufeinander und eine Diagonale wird halbiert.

Nachweis mittels (1):

$$\overrightarrow{AB} = \begin{pmatrix} \frac{13}{2} \\ \frac{3}{2} \\ 0 \end{pmatrix} \qquad a = |\overrightarrow{AB}| = \sqrt{\left(\frac{13}{2}\right)^2 + \left(\frac{3}{2}\right)^2} = \sqrt{44{,}5}$$

$$\overrightarrow{BC} = \begin{pmatrix} \frac{7}{2} \\ \frac{29}{2} \\ 0 \end{pmatrix} \qquad b = |\overrightarrow{BC}| = \sqrt{\left(\frac{7}{2}\right)^2 + \left(\frac{29}{2}\right)^2} = \sqrt{222{,}5}$$

$$\overrightarrow{CD} = \begin{pmatrix} -\frac{23}{2} \\ -\frac{19}{2} \\ 0 \end{pmatrix} \qquad c = |\overrightarrow{CD}| = \sqrt{222{,}5}$$

$$\overrightarrow{DA} = \begin{pmatrix} \frac{3}{2} \\ -\frac{13}{2} \\ 0 \end{pmatrix} \qquad d = |\overrightarrow{DA}| = \sqrt{44{,}5}$$

Da $a = d$ und $b = c$ gilt, ist die Bedingung (1) erfüllt. Das Viereck ABCD ist ein Drachenviereck.

Größe des Winkels $\sphericalangle$ BAD:

$$\cos \sphericalangle BAD = \frac{\overrightarrow{AB} \circ \overrightarrow{AD}}{|\overrightarrow{AB}| \cdot |\overrightarrow{AD}|}$$

$$= \frac{\begin{pmatrix} \frac{13}{2} \\ \frac{3}{2} \\ 0 \end{pmatrix} \cdot \begin{pmatrix} -\frac{3}{2} \\ \frac{13}{2} \\ 0 \end{pmatrix}}{\sqrt{44{,}5} \cdot \sqrt{44{,}5}} = 0 \quad \Rightarrow \quad \underline{\underline{\sphericalangle BAD = 90°}}$$

b) Ebene ε: $\vec{x} = \begin{pmatrix} 4 \\ 3 \\ 0 \end{pmatrix} + r \begin{pmatrix} 10 \\ 16 \\ 0 \end{pmatrix} + s \begin{pmatrix} 0 \\ 0 \\ 5 \end{pmatrix} \quad (r, s \in \mathbb{R})$

Gerade h: $\vec{x} = \begin{pmatrix} 10{,}5 \\ 4{,}5 \\ 0 \end{pmatrix} + t \begin{pmatrix} -8 \\ 5 \\ 5 \end{pmatrix} \quad (t \in \mathbb{R})$

Punkt Q ist Schnittpunkt von ε und h, wenn seine Koordinaten beide Gleichungen erfüllen:

$$\text{Q in } \varepsilon: \left.\begin{array}{lll} 6{,}5 = 4 + 10r & \Rightarrow & r = \frac{1}{4} \\ 7 = 3 + 16r & \Rightarrow & r = \frac{1}{4} \\ 2{,}5 = \qquad +5s & \Rightarrow & s = \frac{1}{2} \end{array}\right\} \Rightarrow Q \in \varepsilon$$

$$\text{Q auf h}: \left.\begin{array}{lll} 6{,}5 = 10{,}5 - 8t & \Rightarrow & t_1 = \frac{1}{2} \\ 7 = 4{,}5 + 5t & \Rightarrow & t_2 = \frac{1}{2} \\ 2{,}5 = \qquad +5t & \Rightarrow & t_3 = \frac{1}{2} \end{array}\right\} t_1 = t_2 = t_3 \Rightarrow Q \in h$$

Da der Punkt Q auf h und in ε liegt, ist er Schnittpunkt von Ebene ε und Gerade h.

c) Es gilt für das Prismenvolumen: $V_{Pr} = A_{G_{Pr}} \cdot h$

und für das Pyramidenvolumen: $V_{Py} = \frac{1}{3} A_{G_{Py}} \cdot h$

Beide Körper haben die gleiche Höhe, aber

$A_{G_{Py}} = \frac{1}{2} A_{G_{Pr}}$,

also

$$V_{Py} = \frac{1}{3} \cdot \frac{1}{2} A_{G_{Pr}} \cdot h$$

$$V_{Py} = \frac{1}{6} A_{G_{Pr}} \cdot h$$

$$V_{Py} = \frac{1}{6} \cdot V_{Pr}$$

somit ist $V_{Restkörper} = V_{Pr} - V_{Py} = \frac{5}{6} V_{Pr}$

d) Der Diagonalenschnittpunkt ist der Mittelpunkt der Diagonale $\overline{BD}$, da sie durch die Diagonale $\overline{AC}$ halbiert wird.

$$M_{\overline{BD}}\left(\frac{x_B + x_D}{2}; \frac{y_B + y_D}{2}; 0\right) = M_{\overline{BD}}(6{,}5; 7; 0)$$

Für die Tangentengleichung gilt:

t: $(x - x_M)(x_R - x_M) + (y - y_M)(y_R - y_M) = r^2$ mit $R(x_R; y_R)$ und $M(x_M; y_M) = M_{\overline{BD}}$

damit folgt t: $(x - 6{,}5)(5{,}5 - 6{,}5) + (y - 7)(14 - 7) = 50$

$$-x + 7y = \frac{185}{2}$$

$$\underline{\underline{y = \frac{1}{7}x + \frac{185}{14}}}$$

Grundkurs Mathematik (Sachsen): Abiturprüfung 2002
Pflichtaufgabe C – Stochastik

Ein Glücksrad G_1 ist in 36 gleich große Sektoren eingeteilt, die paarweise verschieden mit den natürlichen Zahlen 1 bis 36 beschriftet sind. Bei jeder Drehung des Rades wird genau ein Sektor mithilfe eines Zeigers „gezogen".

a) Geben Sie die Wahrscheinlichkeiten dafür an, dass bei einer Drehung des Rades G_1 eine durch drei teilbare Zahl „gezogen" wird. (1 BE)

b) Das Glücksrad G_1 wird 10-mal gedreht.
Geben Sie die Wahrscheinlichkeit dafür an, dass dabei genau zweimal eine durch 5 teilbare Zahl „gezogen" wird.
Ermitteln Sie die Wahrscheinlichkeit dafür, dass dabei mindestens zweimal, aber höchstens fünfmal eine durch 5 teilbare Zahl „gezogen" wird.
Ermitteln Sie, wie oft man das Glücksrad G_1 mindestens drehen muss, damit mit einer Wahrscheinlichkeit von mindestens 99 % wenigstens einmal eine durch 5 teilbare Zahl „gezogen" wird? (5 BE)

c) Das Glücksrad G_2 sei in vier Sektoren A, B, C und D eingeteilt (siehe Skizze).

Zentriwinkel des Sektors B: 36°
des Sektors C: 120°
des Sektors D: 24°

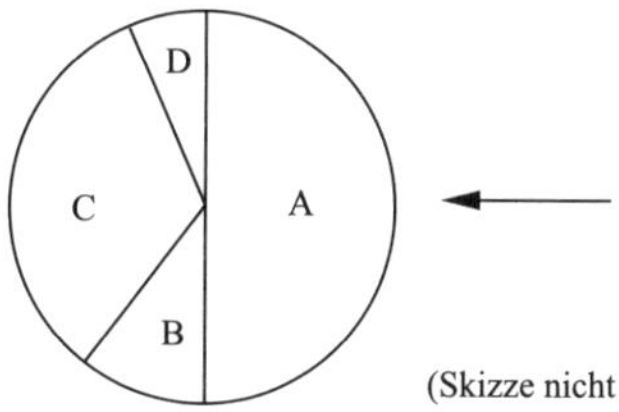

(Skizze nicht maßstäblich)

Bei jeder Drehung des Rades wird mithilfe eines Zeigers genau ein Sektor ermittelt.
Der Spieler zahlt einen Einsatz von 1 € und erhält beim „Ziehen" des Sektors D 5 €, des Sektors B 2 € und des Sektors C 1 € ausgezahlt. Bei der Ziehung des Sektors A erhält er nichts.
Ermitteln Sie, welchen Gewinn (erhaltenes Geld abzüglich des Einsatzes) ein Spieler im Schnitt erwarten kann. (3 BE)

d) Das Glücksrad G_3 sei in vier Sektoren eingeteilt.
Geben Sie die Größen der Zentriwinkel dieser Sektoren so an, dass sich die Wahrscheinlichkeiten, mit denen sie „gezogen" werden, wie $1:2:4:8$ verhalten. (1 BE)

(10 BE)

Lösungen

a) A… Zahl durch drei teilbar

$$P(A) = \frac{12}{36} = \underline{\underline{\frac{1}{3}}}$$

b) X… Anzahl der durch fünf teilbaren Zahlen
(X binomialverteilt mit $n = 10$, $p = \frac{7}{36}$)

$$P(X = 2) = \binom{10}{2} \cdot \left(\frac{7}{36}\right)^2 \cdot \left(\frac{29}{36}\right)^8 = \underline{\underline{0,3017}}$$

$$P(2 \le x \le 5) = P(X = 2) + P(X = 3) + P(X = 4) + P(X = 5)$$
$$\underline{\underline{= 0,6017}}$$

$$\begin{aligned} P(X \ge 1) = 1 - P(X = 0) &\ge 0,99 \\ P(X = 0) &\le 0,01 \\ \left(\frac{29}{36}\right)^n &\le 0,01 \\ n &\ge 21,298 \end{aligned}$$

Man muss das Glücksrad mindestens 22-mal drehen.

c) Wahrscheinlichkeiten für die einzelnen Sektoren:

$$P(A) = \frac{1}{2} \quad P(B) = \frac{1}{10} \quad P(C) = \frac{1}{3} \quad P(D) = \frac{1}{15}$$

Y… Gewinn des Spielers in €

Y	4	1	0	–1
$P(Y = y_i)$	$\frac{1}{15}$	$\frac{1}{10}$	$\frac{1}{3}$	$\frac{1}{2}$

$$E(Y) = 4 \cdot \frac{1}{15} + 1 \cdot \frac{1}{10} + 0 \cdot \frac{1}{3} - 1 \cdot \frac{1}{2}$$

$$\underline{\underline{E(Y) = -\frac{2}{15} = -0,13}}$$

Im Schnitt hat der Spieler einen Verlust von 13 Cent.

d) Wenn P(A) : P(B) : P(C) : P(D)
wie 1 : 2 : 4 : 8 ,

dann gilt:

Zentriwinkel des Sektors A ist $\frac{1}{15}$ von 360°, also 24°

Zentriwinkel des Sektors B ist $\frac{2}{15}$ von 360°, also 48°

Zentriwinkel des Sektors C ist $\frac{4}{15}$ von 360°, also 96°

Zentriwinkel des Sektors D ist $\frac{8}{15}$ von 360°, also 192°

Die Winkelgrößen sind also 24°, 48°, 96° und 192°.

Grundkurs Mathematik (Sachsen): Abiturprüfung 2002
Wahlaufgabe D 1 – Analysis

Gegeben ist eine Funktion f durch

$$y = f(x) = \left(3 - \frac{3}{x}\right) \cdot e^x \quad (x \in \mathbb{R}, -2 \leq x \leq 2, x \neq 0).$$

a) Der Graph einer quadratischen Funktion g, der achsensymmetrisch zur y-Achse ist, verläuft durch den Punkt P(0; −40). Außerdem ist die Nullstelle der Funktion f auch Nullstelle der Funktion g.
Ermitteln Sie eine Gleichung der Funktion g und geben Sie alle Schnittpunkte der Graphen der Funktionen f und g an.

b) Der Graph der Funktion t ist Tangente an den Graphen der Funktion f im Punkt Q(1; f(1)).
Ermitteln Sie eine Gleichung dieser Tangente t.
Im Intervall $0{,}8 \leq x \leq 1{,}2$ wird der Graph der Funktion f näherungsweise durch diese Tangente t beschrieben.
Ermitteln Sie die maximale Abweichung der Funktionswerte der Funktionen f und t in diesem Intervall.

Lösungen

a) Gleichung einer quadratischen Funktion g:

$g(x) = ax^2 + bx + c$

(1) achsensymmetrisch zur y-Achse, d. h. $b = 0$

(2) $P(0; -40)$ ist Scheitelpunkt, d. h. $c = -40$

(3) $x_{N_f} = x_{N_g} = 1$, d. h. $g(1) = a + c = 0$

$$f(x_N) = 0 = \left(3 - \frac{3}{x_N}\right)\underbrace{e^{x_N}}_{\neq 0}$$

$$0 = 3 - \frac{3}{x_N}$$

$$\underline{x_N = 1}$$

Aus (1) bis (3) folgt: $\underline{\underline{g(x) = 40x^2 - 40}}$

Angabe der Schnittpunkte durch Zeichnung der Grahen von f und g im GRAPH-Menü und Ablesen der Schnittpunkte. Dabei ist auf eine sinnvolle Einstellung des Fensters zu achten, um alle Lösungen zu finden.

$S_1(-1{,}026; 2{,}123)$
$S_2(0{,}08; -39{,}77)$
$S_3(1; 0)$

b) Gleichung der Tangente t: $y = m_t x + n$
mit $Q(1; 0)$
und $m_t = f'(1)$

$$f'(x) = \frac{3}{x^2}e^x + \left(3 - \frac{3}{x}\right)e^x = \left(\frac{3}{x^2} - \frac{3}{x} + 3\right)e^x$$

also $f'(1) = 3e$

folgt:

t: $0 = 1 \cdot 3e + n$

$n = -3e$

$\underline{\underline{t: y = 3ex - 3e}}$

Die Abweichung wird bestimmt durch die Funktion d mit $d(x) = |f(x) - t|$.
Zum Ermitteln kann man diese Funktion mittels GTR zeichnen lassen. Die maximale Abweichung kann nur für $x = 0{,}8$ oder $x = 1{,}2$ erreicht werden. Durch Ablesen der Funktionswerte erhält man als maximale Abweichung $d \approx 0{,}038$.

Grundkurs Mathematik (Sachsen): Abiturprüfung 2002
Wahlaufgabe D 2 – Geometrie/Algebra

In einem kartesischen Koordinatensystem sind der Punkt M(3; –1; 0) und für jedes a($a \in \mathbb{R}$) eine Gerade g_a durch die Gleichung

$$\vec{x} = \begin{pmatrix} a \\ 8 \\ -3 \end{pmatrix} + r \cdot \begin{pmatrix} 2 \\ -3 \\ 1 \end{pmatrix} \; (r \in \mathbb{R}) \text{ gegeben.}$$

a) Begründen Sie, dass alle Geraden g_a zueinander parallel verlaufen.
Es gibt einen Wert a, für den der Punkt M Schnittpunkt der Geraden g_a mit der x-y-Koordinatenebene ist.
Ermitteln Sie diesen Wert a. (3 BE)

M ist der Schnittpunkt der Diagonalen eines in der x-y-Koordinatenebene liegenden regelmäßigen Sechsecks ABCDEF mit dem Eckpunkt $A(3+\sqrt{3}; -2; 0)$.

b) Zeigen Sie, dass ein zum Punkt A benachbarter Eckpunkt des Sechsecks die Koordinaten $(3+\sqrt{3}; 0; 0)$ besitzt.
Berechnen Sie die Koordinaten des anderen benachbarten Eckpunktes des Punktes A. (3 BE)

c) Das Sechseck ABCDEF ist Grundfläche von schiefen Pyramiden mit dem Volumen $18\sqrt{3}$, deren Spitzen auf der Geraden g_{-3} liegen.
Ermitteln Sie die Koordinaten aller Punkte, die Spitzen einer solchen Pyramide sind. (4 BE)

(10 BE)

Lösungen

a) Alle Geraden sind zueinander parallel, da sie alle den gleichen Richtungsvektor besitzen, denn dieser ist vom Parameter a unabhängig.

Punkt M liegt in der x-y-Ebene, da $z = 0$
Zu prüfen ist noch, für welches $a \in g_a$ gilt:

$$\begin{aligned} 3 &= a + 2r \quad \text{mit} \quad r = 3 \quad \Rightarrow \quad \underline{\underline{a = -3}} \\ -1 &= 8 - 3r \quad \Rightarrow \quad r = 3 \\ 0 &= -3 + r \quad \Rightarrow \quad r = 3 \end{aligned}$$

Für $a = -3$ ist M Schnittpunkt der Geraden g_a mit der x-y-Ebene.

b) Skizze:

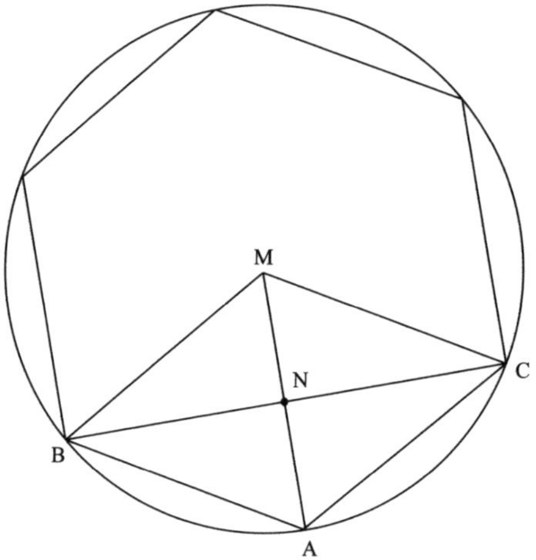

Für ein regelmäßiges Sechseck gilt:
Wenn B ein zu A benachbarter Eckpunkt ist, dann ist ΔMAB gleichseitig, also

$|\overrightarrow{MA}| = |\overrightarrow{AB}| = |\overrightarrow{MB}|$ mit $M(3; -1; 0)$, $A(3+\sqrt{3}; -2; 0)$, $B(3+\sqrt{3}; 0; 0)$

$$\left.\begin{aligned} |\overrightarrow{MA}| &= \begin{pmatrix} \sqrt{3} \\ -1 \\ 0 \end{pmatrix} \quad |\overrightarrow{MA}| = 2 \\ |\overrightarrow{AB}| &= \begin{pmatrix} 0 \\ 2 \\ 0 \end{pmatrix} \quad |\overrightarrow{AB}| = 2 \\ |\overrightarrow{MB}| &= \begin{pmatrix} \sqrt{3} \\ 1 \\ 0 \end{pmatrix} \quad |\overrightarrow{MB}| = 2 \end{aligned}\right\}$$

Bedingung erfüllt, also ist der Punkt $(3+\sqrt{3}; 0; 0)$ benachbart zum Punkt A.

Berechnung der Koordinaten eines anderen benachbarten Eckpunktes C:

$$\overrightarrow{OC} = \overrightarrow{OB} + 2\overrightarrow{BN} \quad \text{mit } N = M_{\overline{MA}}\left(3+\frac{\sqrt{3}}{2}; -\frac{3}{2}; 0\right)$$

$$\overrightarrow{OC} = \begin{pmatrix} 3+\sqrt{3} \\ 0 \\ 0 \end{pmatrix} + 2\begin{pmatrix} -\frac{\sqrt{3}}{2} \\ -\frac{3}{2} \\ 0 \end{pmatrix} = \begin{pmatrix} 3 \\ -3 \\ 0 \end{pmatrix}$$

Der andere benachbarte Eckunkt von A hat die Koordinaten (3; –3; 0)

c) $V_{Py} = \frac{1}{3} A_G \cdot h = 18\sqrt{3}$

mit $A_G = 3 \cdot |\overrightarrow{AM}|^2 \cdot \sin 60°$

$\underline{A_G = 6\sqrt{3}}$

folgt $V_{Py} = \frac{1}{3} \cdot 6\sqrt{3} \cdot h = 18\sqrt{3}$

$\underline{h = 9}$

Die Spitze S hat also die Koordinaten $S(x_s; y_s; \pm 9)$ und liegt auf der Geraden g_{-3}.
Damit gilt für die Koordinaten von S:

$$\begin{aligned} x_s &= -3 + 2r \\ y_s &= 8 - 3r \\ \pm 9 &= -3 + r \quad \Rightarrow \quad r_1 = 12 \\ & \qquad\qquad\qquad\quad r_2 = -6 \end{aligned}$$

Aus $r_1 = 12$ folgt für $S_1(21; -28; 9)$ und
aus $r_2 = -6$ folgt für $S_2(-15; 26; -9)$.

Grundkurs Mathematik (Sachsen): Abiturprüfung 2002 (Nachtermin)
Pflichtaufgabe A – Analysis

Gegeben sind die Funktion f durch

$$y = f(x) = \frac{1}{6}x \cdot (x-8)^2 \quad (x \in \mathbb{R})$$

und die Gerade g durch die Gleichung

$$y = 2x + 8.$$

a) Geben Sie die Nullstellen der Funktion f an und berechnen Sie die lokalen Extremstellen der Funktion f.
Weisen Sie die Art der Extrema nach.
Berechnen Sie die Koordinaten des Wendepunktes.
Ermitteln Sie alle Argumente x, deren Funktionswert größer als das lokale Maximum der Funktion f ist. (10 BE)

b) Weisen Sie nach, dass die Gerade g Tangente an den Graphen der Funktion f ist.
Ermitteln Sie eine Gleichung einer zur Geraden g parallelen Gerade, die ebenfalls Tangente an den Graphen der Funktion f ist. (5 BE)

c) Die Gerade g und der Graph der Funktion f begrenzen eine Fläche vollständig.
Ermitteln Sie deren Inhalt. (2 BE)

d) Für jedes u ($u \in \mathbb{R}$, $0 < u < 8$) sind der Punkt $P_u(u; f(u))$ und der Koordinatenursprung Eckpunkte eines zu den Koordinatenachsen achsenparallelen Rechtecks.
Berechnen Sie die Koordinaten des Punktes P_u, dessen zugehöriges Rechteck den größtmöglichen Flächeninhalt von allen so gebildeten Rechtecken besitzt. (5 BE)

e) Jede durch den Koordinatenursprung verlaufende Gerade hat mindestens einen gemeinsamen Punkt mit dem Graphen der Funktion f.
Ermitteln Sie die Anzahl der gemeinsamen Punkte dieser Geraden mit dem Graphen der Funktion f in Abhängigkeit vom Anstieg der Geraden. (3 BE)

(25 BE)

Lösungen

a) Nullstellen: $\underline{\underline{x_{N_1} = 0}}$ $\underline{\underline{x_{N_2} = 8}}$

Hinweis: nur Angabe der Lösung mittels GTR

Extremstellen:

$$f(x) = \frac{1}{6}x \cdot (x-8)^2$$

$$= \frac{1}{6}x^3 - \frac{8}{3}x^2 + \frac{32}{3}x$$

$$f'(x) = \frac{1}{2}x^2 - \frac{16}{3}x + \frac{32}{3}$$

$$f''(x) = x - \frac{16}{3}$$

$$f'''(x) = 1$$

$$f'(x_E) = 0 = \frac{1}{2}x_E^2 - \frac{16}{3}x_E + \frac{32}{3}$$

$$0 = x_E^2 - \frac{32}{3}x_E + \frac{64}{3}$$

$$x_{E_{1;2}} = \frac{16}{3} \pm \sqrt{\frac{256}{9} - \frac{64}{3}}$$

$$x_{E_{1;2}} = \frac{16}{3} \pm \frac{8}{3}$$

$$\underline{\underline{x_{E_1}}} = \frac{16}{3} + \frac{8}{3} = \underline{\underline{8}}$$

$$\underline{\underline{x_{E_2}}} = \frac{16}{3} - \frac{8}{3} = \underline{\underline{\frac{8}{3}}}$$

$f''(x_{E_1}) = 8 - \frac{16}{3} = \frac{8}{3} > 0 \quad \Rightarrow$ lokales Minimum

$f''(x_{E_2}) = \frac{8}{3} - \frac{16}{3} = -\frac{8}{3} < 0 \quad \Rightarrow$ lokales Maximum

Wendepunkte:

$$f''(x_W) = 0 = x_W - \frac{16}{3}$$

$$x_W = \frac{16}{3} \qquad y_W = f(x_W) = 6\frac{26}{81} \qquad \underline{\underline{W\left(\frac{16}{3}; 6\frac{26}{81}\right)}}$$

$f'''\left(\frac{16}{3}\right) = 1 \neq 0 \quad \Rightarrow$ W ist Wendepunkt

Ermittlung aller Argumente x mit folgender Bedingung:

$$f(x) > f\left(\frac{8}{3}\right)$$

$$\frac{1}{6}x\cdot(x-8)^2 > \frac{1}{6}\cdot\frac{8}{3}\cdot\left(\frac{8}{3}-8\right)^2 = 12\frac{52}{81}$$

$$\underline{\underline{x > 10\frac{2}{3}}}$$

(Lösung mittels GTR, z. B. Graph der Funktion f im GRAPH-MENÜ zeichnen lassen und x-Wert zum Funktionswert $12\frac{52}{81}$ ablesen.)

b) Nachweis der Tangente g:
g ist Tangente an den Graphen der Funktion f, wenn es einen Punkt $B(x_B;\, y_B)$ gibt mit:
(1) $f'(x_B) = 2$ und
(2) $B \in g$

zu (1):

$$f'(x_B) = 2 = \frac{1}{2}x_B^2 - \frac{16}{3}x_B + \frac{32}{3}$$

$$0 = x_B^2 - \frac{32}{3}x_B + \frac{52}{3}$$

$$x_{B_{1;2}} = \frac{16}{3} \pm \sqrt{\frac{256}{9} - \frac{52}{3}}$$

$$x_{B_{1;2}} = \frac{16}{3} \pm \frac{10}{3}$$

$$x_{B_1} = \frac{16}{3} + \frac{10}{3} = \frac{26}{3} \qquad B_1\left(\frac{26}{3};\frac{52}{81}\right)$$

$$x_{B_2} = \frac{16}{3} - \frac{10}{3} = 2 \qquad B_2(2;12)$$

zu (2):
$B_1 \in g$ prüfen:

$$\frac{52}{81} \neq 2\cdot\frac{26}{3} + 8 = 25\frac{1}{3} \quad \Rightarrow \quad B_1 \notin g$$

$B_2 \in g$ prüfen:

$12 = 2 \cdot 2 + 8$ w. A. $\quad\Rightarrow\quad B_2 \in g$

$\Rightarrow$ <u>g ist Tangente an den Graphen der Funktion f im Punkt B_2</u>

Die Tangente t mit t ∥ g berührt den Graphen der Funktion f im Punkt B_1.

$$m_t = f'\left(\frac{26}{3}\right) = 2$$

$$B_1 \in t: \quad y = m_t x + n$$

$$\frac{52}{81} = 2 \cdot \frac{26}{3} + n$$

$$n = -16\frac{56}{81}$$

$$\underline{\underline{t: \quad y = 2x - 16\frac{56}{81}}}$$

c) Skizze:

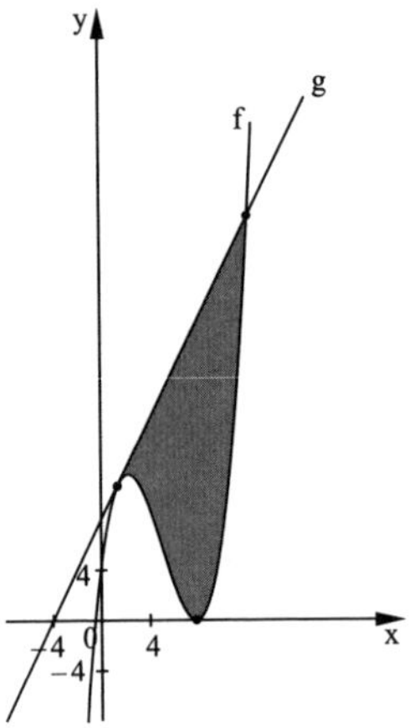

$$A = \int_{x_{s_1}}^{x_{s_2}} [g(x) - f(x)]\,dx$$

mit $x_{s_1} = 2$, $x_{s_2} = 12$ } mittels GTR bestimmt, z. B. durch das Zeichnen beider Graphen und das Ablesen ihrer Schnittstellen

$$A = \int_2^{12} \left[2x + 8 - \frac{1}{6}x \cdot (x-8)^2\right] dx$$

$\underline{\underline{A = 138{,}9}}$ (mittels GTR)

oder berechnet:

$$A = \int_2^{12} \left[2x + 8 - \frac{1}{6}x^3 + \frac{8}{3}x^2 - \frac{32}{3}x\right]dx$$

$$A = \int_2^{12} \left[-\frac{1}{6}x^3 + \frac{8}{3}x^2 - \frac{26}{3}x + 8\right]dx$$

$$A = \left[-\frac{1}{24}x^4 + \frac{8}{9}x^3 - \frac{13}{3}x^2 + 8x\right]_2^{12}$$

$$\underline{\underline{A = 138,9}}$$

d) Skizze:

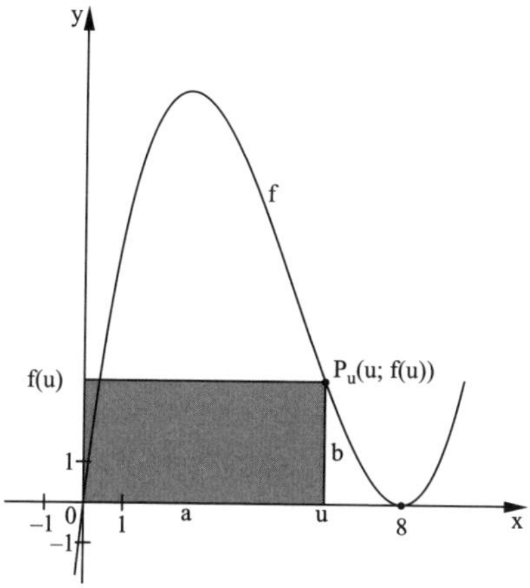

HB: $A(a; b) = a \cdot b$ mit NB: $a = u$

$$b = f(u) = \frac{1}{6}u \cdot (u-8)^2$$

lautet die Zielfunktion:

$$A(u) = u \cdot f(u)$$

$$= \frac{1}{6}u^2 \cdot (u-8)^2$$

$$= \frac{1}{6}u^4 - \frac{8}{3}u^3 + \frac{32}{3}u^2$$

$$A'(u) = \frac{2}{3}u^3 - 8u^2 + \frac{64}{3}u$$

$$A''(u) = 2u^2 - 16u + \frac{64}{3}$$

$$A'(u_E) = 0 = u_E\left(\frac{2}{3}u_E^2 - 8u_E + \frac{64}{3}\right)$$

$$u_{E_1} = 0$$

$$0 = u_E^2 - 12u_E + 32$$

$$u_{E_{2;3}} = 6 \pm \sqrt{36-32} = 6 \pm 2$$

$$u_{E_2} = 6 + 2 = 8$$

$$u_{E_3} = 6 - 2 = 4$$

$\Rightarrow u_{E_1} = 0$ und $u_{E_2} = 8$ entfallen, da $0 < u < 8$ gelten soll.

$A''(4) = 2 \cdot 4^2 - 16 \cdot 4 + \frac{64}{3} = -10\frac{2}{3} < 0 \;\Rightarrow\;$ lokales Maximum

$f(4) = \frac{1}{6} \cdot 4 \cdot (4-8)^2 = 10\frac{2}{3} \;\Rightarrow\; \underline{\underline{P_u\left(4; \frac{32}{3}\right)}}$

e) Gerade durch Koordinatenursprung: $y = mx$

Gemeinsame Punkte von Gerade und Graph:

$$f(x_s) = m \cdot x_s$$

$$\frac{1}{6}x_s \cdot (x_s - 8)^2 = m \cdot x_s$$

$$0 = \frac{1}{6}x_s^3 - \frac{8}{3}x_s^2 + \left(\frac{32}{3} - m\right) \cdot x_s$$

$$0 = x_s\left(\frac{1}{6}x_s^2 - \frac{8}{3}x_s + \left(\frac{32}{3} - m\right)\right)$$

$x_{s_1} = 0$ gilt immer $\Rightarrow S_1(0; 0)$

$$0 = x_s^2 - 16x_s + 64 - 6m$$

$$x_{s_{2;3}} = 8 \pm \sqrt{64 - 64 + 6m}$$

$$x_{s_{2;3}} = 8 \pm \sqrt{6m}$$

$$x_{s_2} = 8 + \sqrt{6m}$$

$$x_{s_3} = 8 - \sqrt{6m}$$

Also gilt:

(1) ein gemeinsamer Punkt, wenn $m < 0$, da $\sqrt{6m}$ dann nicht definiert ist, also $x_{s_{2;3}}$ nicht existieren

(2) zwei gemeinsame Punkte, wenn $m = 0$ oder $m = \frac{32}{3}$ $\left(8 - \sqrt{6 \cdot \frac{32}{3}} = x_{s_3} = 0 = x_{s_1}\right)$

(3) drei gemeinsame Punkte, wenn $m > 0$ und $m \neq \frac{32}{3}$ (folgt aus (1) und (2))

Grundkurs Mathematik (Sachsen): Abiturprüfung 2002 (Nachtermin)
Pflichtaufgabe B – Geometrie / Algebra

In einem kartesischen Koordinatensystem sind die Punkte A(–1; 1; 0), B(7; –3; 0), C(4; 6; 0) und H(2; 2; 0) gegeben.

a) Weisen Sie rechnerisch nach, dass die Punkte A, B und C Eckpunkte eines Dreiecks sind und begründen Sie, dass dieses Dreieck in der x-y-Koordinatenebene liegt. (3 BE)

b) Berechnen Sie die Größe des Innenwinkels CBA des Dreiecks ABC.
Zeigen Sie, dass die Maßzahl des Flächeninhalt des Dreiecks ABC 30 ist. (3 BE)

c) Weisen Sie rechnerisch nach, dass der Punkt H der Schnittpunkt der Höhen des Dreiecks ABC ist.
Die Punkte S seien die Spitzen von Pyramiden ABCS mit dem Höhenfußpunkt H.
Berechnen Sie die Koordinaten eines der Punkte S, sodass das Volumen der zugehörigen Pyramide ABCS 100 beträgt. (5 BE)

d) Es existieren Punkte P so, dass die Pyramiden ABCP mit der Grundfläche ABC gleich lange Seitenkanten $\overline{AP}$, $\overline{BP}$ und $\overline{CP}$ haben.
Berechnen Sie die Koordinaten aller Punkte P, für die das Volumen der zugehörigen Pyramide ABCP 100 beträgt. (4 BE)

(15 BE)

Lösungen

a) A, B, C sind Eckpunkte eines Dreiecks, wenn sie nicht alle auf einer Geraden liegen.

$$g_{AB}\colon\ \vec{x} = \begin{pmatrix} -1 \\ 1 \\ 0 \end{pmatrix} + r\begin{pmatrix} 8 \\ -4 \\ 0 \end{pmatrix} \quad (r \in \mathbb{R})$$

Prüfung, ob $C \in g_{AB}$:

$$\left.\begin{aligned} 4 &= -1 + 8r \qquad r_1 = \frac{5}{8} \\ 6 &= \ \ 1 - 4r \qquad r_2 = -\frac{5}{4} \end{aligned}\right\} \ r_1 \neq r_2 \ \Rightarrow \ C \notin g_{AB}$$

Ergebnis: A, B, C sind Eckpunkte eines Dreiecks.
Das Dreieck ABC liegt in der x-y-Koordinatenebene, denn die z-Koordinate aller Eckpunkte ist 0.

b) $\cos \sphericalangle CBA = \dfrac{\overrightarrow{BA} \circ \overrightarrow{BC}}{|\overrightarrow{BA}| \cdot |\overrightarrow{BC}|}$

$$= \frac{\begin{pmatrix}-8\\4\\0\end{pmatrix} \circ \begin{pmatrix}-3\\9\\0\end{pmatrix}}{\sqrt{80} \cdot \sqrt{90}}$$

$$= 0{,}707$$

$$\underline{\underline{\sphericalangle CBA = 45°}}$$

Flächeninhalt des ΔABC: $A = \frac{1}{2} \cdot |\overrightarrow{BA}| \cdot |\overrightarrow{BC}| \cdot \sin \sphericalangle CBA$

$$= \frac{1}{2} \cdot \sqrt{80} \cdot \sqrt{90} \cdot \sin 45°$$

$$\underline{\underline{A = 30}}$$

Der Inhalt der Dreiecksfläche beträgt 30.

c) Skizze:

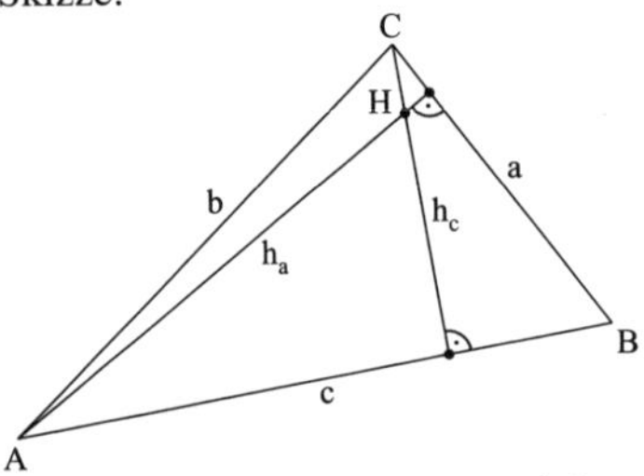

Gleichung der Höhe h_c: $\vec{a}_{h_c} = \begin{pmatrix}1\\2\\0\end{pmatrix}$, da $\vec{a}_{h_c} \perp \vec{a}_c$ und $C \in h_c$ ($\vec{a}$... Richtungsvektor)

daraus folgt: g_{h_c}: $\vec{x} = \begin{pmatrix}4\\6\\0\end{pmatrix} + s\begin{pmatrix}1\\2\\0\end{pmatrix}$ $(s \in \mathbb{R})$

Gleichung der Höhe h_a: $\vec{a}_{h_a} = \begin{pmatrix}3\\1\\0\end{pmatrix}$, da $\vec{a}_{h_a} \perp \vec{a}_a$ und $A \in h_a$

daraus folgt: g_{h_a}: $\vec{x} = \begin{pmatrix}-1\\1\\0\end{pmatrix} + t\begin{pmatrix}3\\1\\0\end{pmatrix}$ $(t \in \mathbb{R})$

Schnitt von h_a und h_c:

$$\begin{aligned} 4 + s &= -1 + 3t \quad | \cdot (-2) \\ 6 + 2s &= 1 + t \quad \downarrow + \\ \hline -2 &= 3 - 5t \end{aligned}$$

$$\underline{\underline{t = 1}}$$

eingesetzt in g_{h_a} folgt: H(2; 2; 0)

Damit ist gezeigt, dass H der Höhenschnittpunkt ist.

Volumen der Pyramide ABCS:

$$V = \frac{1}{3} A_G \cdot h$$

$$100 = \frac{1}{3} \cdot 30 \cdot h$$

$$\underline{h = 10}$$

$h = |\overrightarrow{HS}|$ mit $S(2; 2; y_S)$, da H Höhenfußpunkt der Pyramide

$$h = \sqrt{y_S^2} = |y_S| = 10$$

$$h_1 = 10 \quad \Rightarrow \quad S_1(2; 2; 10)$$

$$h_2 = -10 \quad \Rightarrow \quad \underline{\underline{S_2(2; 2; -10)}}$$

d) Volumen der Pyramide ABCP:

$$V = \frac{1}{3} A_G \cdot h$$

$$100 = \frac{1}{3} \cdot 30 \cdot h$$

$$h = 10 \quad \Rightarrow \quad P_1(x_P; y_P; 10) \quad \text{bzw.}$$

$$P_2(x_P; y_P; -10)$$

Weiterhin gilt: $\overline{AP} = \overline{BP} = \overline{CP}$

$$\Rightarrow \quad |\overrightarrow{AP}| = |\overrightarrow{BP}|$$

$$\sqrt{(x_P + 1)^2 + (y_P - 1)^2} = \sqrt{(x_P - 7)^2 + (y_P + 3)^2} \qquad |^2$$

$$x_P^2 + 2x_P + y_P^2 - 2y_P + 2 = x_P^2 - 14x_P + y_P^2 + 6y_P + 58$$

$$\text{(I)} \qquad 16x_P - 8y_P = 56$$

$$|\overrightarrow{AP}| = |\overrightarrow{CP}|$$

$$\sqrt{(x_P + 1)^2 + (y_P - 1)^2} = \sqrt{(x_P - 4)^2 + (y_P - 6)^2} \qquad |^2$$

$$x_P^2 + 2x_P + y_P^2 - 2y_P + 2 = x_P^2 - 8x_P + y_P^2 - 12y_P + 52$$

$$\text{(II)} \qquad 10x_P + 10y_P = 50$$

$$\Rightarrow \begin{array}{lrcl|l} \text{(I)} & 16x_P - 8y_P & = & 56 & \cdot 5 \\ \text{(II)} & 10x_P + 10y_P & = & 50 & \cdot 4 \;\downarrow + \\ \hline & 120x_P & = & 480 & \end{array}$$

$$\underline{x_P = 4}$$

x_P in (II) $\quad 40 + 10y_P = 50$

$$\underline{y_P = 1}$$

Die Koordinaten der Punkte P sind $P_1(4; 1; 10)$ und $P_2(4; 1, -10)$.

Grundkurs Mathematik (Sachsen): Abiturprüfung 2002 (Nachtermin)
Pflichtaufgabe C – Stochastik

Ein Glücksrad ist in 20 gleich große Sektoren unterteilt. Davon sind genau einer blau, genau einer rot und alle restlichen Sektoren weiß gefärbt. Bei einem Glücksspiel beträgt der Einsatz je Drehung 2 DM. Wird der rote Sektor bei einer Drehung ermittelt, erhält der Spieler 30 DM, beim blauen Sektor 10 DM ausgezahlt. Bei den weißen Sektoren wird nichts ausgezahlt. Die Ergebnisse der Drehungen sind voneinander unabhängig.

a) Bestimmen Sie die Höhe des Gewinns (Auszahlung abzüglich des Einsatzes), den ein Spieler bei einer Drehung erwarten kann.
Welcher Betrag sollte beim Ermitteln des roten Sektors an den Spieler gezahlt werden, wenn die anderen Bedingungen bleiben und der Betreiber des Glücksrades durchschnittlich 0,20 DM je Drehung „verdienen“ will? (3 BE)

b) Wie viele Drehungen müssen mindestens durchgeführt werden, damit die Wahrscheinlichkeit, wenigstens einmal den roten Sektor zu ermitteln, mindestens 95 % beträgt? (2 BE)

c) Ein weiteres Glücksrad ist in 10 gleich große Sektoren unterteilt. Die Ergebnisse der Drehungen sind voneinander unabhängig. Nach jeder Drehung wird der ermittelte Sektor markiert. Das Rad wird zehnmal gedreht.
Ermitteln Sie die Wahrscheinlichkeit, mit der danach alle 10 Sektoren markiert sind. (2 BE)

d) Das in Aufgabenteil c beschriebene Glücksrad wird zweimal gedreht und die ermittelten Sektoren werden markiert.
Ermitteln Sie die Wahrscheinlichkeit, mit der danach zwei markierte Sektoren nebeneinander liegen. (1 BE)

e) Ein „elektronisches Glücksrad“ in einem Spielautomaten ist so programmiert, dass sich die Gewinnchance mit zunehmender Anzahl von Versuchen eines Spielers in einer Serie verringert. Die Gewinnwahrscheinlichkeit P_G wurde dafür in Abhängigkeit von der Anzahl z der Versuche durch

$$P_G(z) = \frac{1}{2 \cdot \sqrt{z+2}}$$

definiert.
Jacqueline behauptet, nach 20 Versuchen sei die Gewinnwahrscheinlichkeit noch größer als 10 %. Überprüfen Sie diese Behauptung.
Franziska möchte das Spiel abbrechen, bevor die Gewinnchance kleiner als 0,07 ist.
Ermitteln Sie, nach welchem Versuch Franziska das Spiel spätestens beenden muss. (2 BE)

(10 BE)

Lösungen

a) X… Gewinn des Spielers in DM

x_i	28	8	−2
$P(X = x_i)$	$\frac{1}{20}$	$\frac{1}{20}$	$\frac{18}{20}$

$$\underline{\underline{E(X)}} = 28 \cdot \frac{1}{20} + 8 \cdot \frac{1}{20} - 2 \cdot \frac{18}{20} = \underline{\underline{0}}$$

Der Erwartungswert für den Gewinn bei einer Drehung beträgt 0,00 DM.

x_i	$a-2$	8	−2
$P(X = x_i)$	$\frac{1}{20}$	$\frac{1}{20}$	$\frac{18}{20}$

a… Auszahlungsbetrag an Spieler beim Ermitteln des roten Sektors

$$E(X) = -0,20 = (a-2) \cdot \frac{1}{20} + 8 \cdot \frac{1}{20} - 2 \cdot \frac{18}{20}$$

$$-0,20 = \frac{1}{20} a - \frac{30}{20}$$

$$\underline{\underline{a = 26}}$$

Es sollten 26 DM an den Spieler ausgezahlt werden.

b) Y… Anzahl des Erreichens des roten Sektors

$$P(Y \geq 1) = 1 - P(Y = 0) \geq 0,95$$

$$P(Y = 0) \leq 0,05$$

$$\left(\frac{19}{20}\right)^n \leq 0,05$$

$$n \geq \frac{\lg 0,05}{\lg\left(\frac{19}{20}\right)}$$

$$\underline{\underline{n \geq 58,4}}$$

Man muss das Glücksrad mindestens 59-mal drehen.

c) $p = \frac{10!}{10^{10}} = \underline{\underline{0,0004}}$

d) $p = \frac{10 \cdot 2}{10^2} = \underline{\underline{\frac{2}{10}}}$

e) $P_G(20) = \frac{1}{2\sqrt{20+2}} = \underline{\underline{0{,}1066 > 0{,}1}}$

Jacquelines Behauptung ist richtig.

$$P_G(z) = \frac{1}{2\sqrt{z+2}} < 0{,}07$$

$$\frac{1}{0{,}14} < \sqrt{z+2}$$

$$\left(\frac{1}{0{,}14}\right)^2 - 2 < z$$

$$\underline{\underline{49{,}02 < z}}$$

Franziska muss das Spiel spätestens nach dem 49. Versuch abbrechen.

Grundkurs Mathematik (Sachsen): Abiturprüfung 2002 (Nachtermin)
Wahlaufgabe D 1 – Analysis

Gegeben sind die Funktionen f durch

$y = f(x) = \ln(2x - 1)\ (x \in D_f)$

und g durch

$y = g(x) = 2{,}5 \cdot \ln(x - 3)\ (x \in \mathbb{R}, x > 3)$.

a) Geben Sie den größtmöglichen Definitionsbereich der Funktion f an. (1 BE)

b) Die Graphen der beiden Funktionen f und g schneiden sich im Punkt S.
Geben Sie die Koordinaten des Punktes S an.
Ermitteln Sie den Schnittwinkel der Tangenten an die Graphen der Funktionen f und g im Punkt S. (3 BE)

c) Weisen Sie nach, dass die Funktion F mit

$$y = F(x) = \frac{1}{2} \cdot [(2x - 1) \cdot \ln(2x - 1) - 2x]$$

eine Stammfunktion der Funktion f ist. (2 BE)

d) Durch den Graphen der Funktion f, den Graphen der Funktion g und die x-Achse wird eine Fläche vollständig begrenzt.
Ermitteln Sie mit dem grafikfähigen Taschenrechner (GTR) oder unter Verwendung der für die Funktion g(x) existierenden Stammfunktion G(x) mit
$G(x) = 2{,}5 \cdot [(x - 3) \cdot \ln(x - 3) - x]$
den Inhalt dieser Fläche. (2 BE)

e) Für jedes a ($a \in \mathbb{R}, a > 1$) begrenzen der Graph der Funktion f, die x-Achse und die Gerade mit der Gleichung $x = a$ eine Fläche vollständig.
Zeigen Sie, dass der Inhalt dieser Fläche für den Parameterwert $a = 1{,}5$ die Maßzahl $\ln 2 - 0{,}5$ hat. (2 BE)

(10 BE)

Lösungen

a) Definitionsbereich: $2x - 1 > 0$

$$x > \frac{1}{2}$$

$$D_f = \left\{ x \,\middle|\, x \in \mathbb{R},\ x > \frac{1}{2} \right\}$$

b) Schnittpunkt: $\underline{\underline{S(5,5;\,2,3)}}$ Hier ist nur eine Angabe mittels GTR erforderlich.

Schnittwinkel α der Tangenten in S:

Anstieg der Tangenten an f in S: $m_f = 0,2$
Anstieg der Tangenten an g in S: $m_g = 1$
} Lösungen mit dem GTR ermittelt

$$\tan\alpha = \left| \frac{m_f - m_g}{1 + m_f m_g} \right|$$

$$\underline{\underline{\alpha = 33,7°}}$$

Der Schnittwinkel der Tangenten beträgt 33,7°.

c) Die Funktion F ist Stammfunktion der Funktion f, wenn gilt:

$$F'(x) = f(x)$$

$$F'(x) = \frac{1}{2}\left[2 \cdot \ln(2x-1) + (2x-1)^1 \cdot \frac{2}{2x-1_1} - 2 \right]$$

$$= \frac{1}{2}[2 \cdot \ln(2x-1) + 2 - 2]$$

$$= \underline{\underline{\ln(2x-1)}} \text{ w. A.}$$

Damit ist gezeigt, dass die Funktion F Stammfunktion der Funktion f ist.

d) Ermitteln des Flächeninhalts mit dem GTR:

$$A = \int_{1 = x_{N_f}}^{5,5} f(x)dx - \int_{4 = x_{N_g}}^{5,5} g(x)dx = \underline{\underline{5,0}}$$

Ausführlicher Lösungsweg:

$$A = \int_{1=x_{N_f}}^{5,5} f(x)dx - \int_{4=x_{N_g}}^{5,5} g(x)dx$$

$$= \left[\frac{1}{2}[(2x-1)\cdot\ln(2x-1)-2x]\right]_1^{5,5} - [2,5[(x-3)\cdot\ln(x-3)-x]]_4^{5,5}$$

$$= [6,01-(-1)]-[-8,02-(-10)]$$

$$\underline{\underline{A = 5}}$$

Der Flächeninhalt beträgt 5 FE.

e) Skizze:

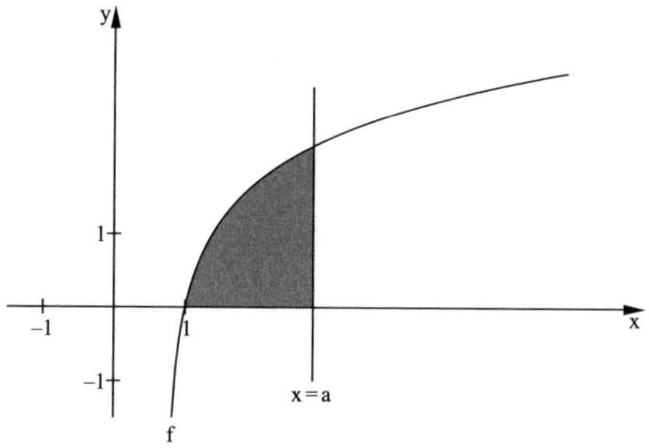

Flächeninhalt:

$$A = \int_1^{1,5} f(x)dx$$

$$= \left[\frac{1}{2}[(2x-1)\cdot\ln(2x-1)-2x]\right]_1^{1,5}$$

$$= \frac{1}{2}[2\cdot\ln 2-3]-\frac{1}{2}[1\cdot\underbrace{\ln 1}_{=0}-2]$$

$$= \ln 2 - 1,5 + 1$$

$$\underline{\underline{A = \ln 2 - 0,5}} \text{ w. A.}$$

Grundkurs Mathematik (Sachsen): Abiturprüfung 2002 (Nachtermin)
Wahlaufgabe D 2 – Geometrie/Algebra

In einem kartesischen Koordinatensystem sind die Punkte A(10; 2; 3), B(4; 5; 9) und $C_a(3 + a; 4; 10 - a)$ ($a \in \mathbb{R}$) gegeben. Die Ebene E ist durch die Punkte A, B und C_2 bestimmt.

a) Stellen Sie für die Ebene E eine Gleichung in allgemeiner Form auf.
Die Punkte A, B und C_2 sind Eckpunkte eines Dreiecks.
Untersuchen Sie rechnersich, ob das Dreieck ABC_2 rechtwinklig ist.
Auf der Seite $\overline{AB}$ existiert ein Punkt D so, dass für das Verhältnis des Flächeninhaltes A_1 des Dreiecks ADC_2 zum Flächeninhalt A_2 des Dreiecks DBC_2 gilt:
$A_1 : A_2 = 1 : 5$
Bestimmen Sie die Koordinaten des Punktes D. (6 BE)

b) Es existieren Dreiecke ABC_a, für die die Größe der Winkel BC_aA jeweils 90° beträgt.
Berechnen Sie für diese Dreiecke den Wert des Parameters a. (2 BE)

c) Alle Punkte C_a liegen in der Ebene E.
Ermitteln Sie rechnerisch alle Werte a, für die die Ebene E durch die Punkte A, B und C_a eindeutig bestimmt ist. (2 BE)

(10 BE)

Lösungen

a) $C_2(5; 4; 8)$

$$E_{ABC_2}:\ \vec{x} = \begin{pmatrix}10\\2\\3\end{pmatrix} + r\begin{pmatrix}-6\\3\\6\end{pmatrix} + s\begin{pmatrix}-5\\2\\5\end{pmatrix} \quad (r, s \in \mathbb{R})$$

Umwandlung in allgemeine Form mittels GTR-Programm:

$\underline{\underline{E:\ x + z = 13}}$

Das Dreieck ABC_2 ist rechtwinklig, wenn gilt:

(1) $\overrightarrow{AB} \circ \overrightarrow{BC_2} = 0$ oder (2) $\overrightarrow{BC_2} \circ \overrightarrow{AC_2} = 0$ oder (3) $\overrightarrow{AC_2} \circ \overrightarrow{AB} = 0$

$$\left.\begin{array}{l} (1)\ \begin{pmatrix}-6\\3\\6\end{pmatrix} \circ \begin{pmatrix}1\\-1\\-1\end{pmatrix} = -15 \neq 0 \\[2ex] (2)\ \begin{pmatrix}1\\-1\\-1\end{pmatrix} \circ \begin{pmatrix}-5\\2\\5\end{pmatrix} = -12 \neq 0 \\[2ex] (3)\ \begin{pmatrix}-5\\2\\5\end{pmatrix} \circ \begin{pmatrix}-6\\3\\6\end{pmatrix} = 6 \neq 0 \end{array}\right\} \Rightarrow \text{Das Dreieck } ABC_2 \text{ ist nicht rechtwinklig.}$$

Skizze:

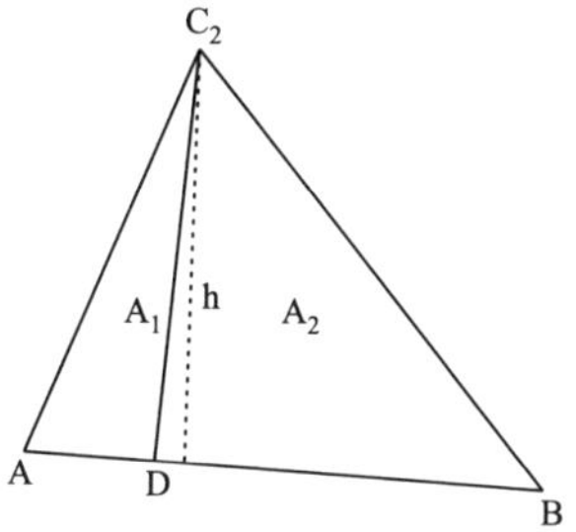

$$\left.\begin{array}{l} \text{Für } A_1 \text{ gilt: } A_1 = \frac{1}{2}\overline{AD} \cdot h_1 \\[2ex] \text{Für } A_2 \text{ gilt: } A_2 = \frac{1}{2}\overline{DB} \cdot h_2 \end{array}\right\} h_1 = h_2 = h$$

Da $A_1 : A_2 = 1 : 5$, muss gelten: $\overline{AD} : \overline{DB} = 1 : 5$

$$\Rightarrow \overrightarrow{AD} = \frac{1}{6}\overrightarrow{AB}$$

$$\Rightarrow \overrightarrow{OD} = \overrightarrow{OA} + \frac{1}{6}\overrightarrow{AB}$$

$$\overrightarrow{OD} = \begin{pmatrix}10\\2\\3\end{pmatrix} + \frac{1}{6}\begin{pmatrix}-6\\3\\6\end{pmatrix} = \begin{pmatrix}9\\2{,}5\\4\end{pmatrix} \Rightarrow \underline{\underline{D(9; 2{,}5; 4)}}$$

b) $\sphericalangle BC_aA = 90°$, also $\overrightarrow{C_aB} \perp \overrightarrow{C_aA}$

$$\Rightarrow \overrightarrow{C_aB} \circ \overrightarrow{C_aA} = 0$$

$$\begin{pmatrix} 1-a \\ 1 \\ -1+a \end{pmatrix} \circ \begin{pmatrix} 7-a \\ -2 \\ -7+a \end{pmatrix} = 0$$

$$7 - 8a + a^2 - 2 + 7 - 8a + a^2 = 0$$

$$2a^2 - 16a + 12 = 0$$

$$a^2 - 8a + 6 = 0$$

$$a_{1,2} = 4 \pm \sqrt{16-6}$$

$$a_1 = 4 + \sqrt{10}$$

$$\underline{\underline{a_2 = 4 - \sqrt{10}}}$$

c) Die Ebene E ist durch A, B, C_a eindeutig bestimmt, wenn die 3 Punkte nicht auf einer Geraden liegen.

$$g_{AB}: \vec{x} = \begin{pmatrix} 10 \\ 2 \\ 3 \end{pmatrix} + t \begin{pmatrix} -6 \\ 3 \\ 6 \end{pmatrix} \quad (t \in \mathbb{R})$$

$C_a \in g_{AB}$:

$$\left.\begin{array}{lll} 3 + a = 10 - 6t & & a = 3 \\ 4 = 2 + 3t & \Rightarrow \quad t = \frac{2}{3} & \\ 10 - a = 3 + 6t & & a = 3 \end{array}\right\} \text{ Für } a = 3 \text{ ist } C_a \in g_{AB}.$$

Damit die 3 Punkte eindeutig eine Ebene bestimmen, muss $a \in \mathbb{R}$, $a \neq 3$ gelten.

Grundkurs Mathematik (Sachsen): Abiturprüfung 2003
Pflichtaufgabe A – Analysis

Gegeben ist eine Funktion f mit der Gleichung $f(x) = 2x \cdot (x-3)^2 \quad (x \in \mathbb{R})$.

a) Geben Sie die Nullstellen, die Koordinaten und die Art der lokalen Extrempunkte sowie die Koordinaten des Wendepunktes der Funktion f an. (4 BE)

b) Der Graph der Funktion f und die x-Achse begrenzen eine Fläche vollständig. Diese Fläche wird von der Geraden mit der Gleichung $y = 4$ in zwei Teilflächen zerlegt.
Ermitteln Sie das Verhältnis der Inhalte dieser beiden Teilflächen. (4 BE)

c) Die Gerade g verläuft durch den Koordinatenursprung und den Punkt $P(2;\, f(2))$. Eine Parallele zur y-Achse mit der Gleichung $x = c$ ($c \in \mathbb{R},\ 0 < c < 2$) schneidet den Graphen der Funktion f im Punkt A und die Gerade g im Punkt B.
Ermitteln Sie den Wert c, für den die Länge der Strecke $\overline{AB}$ maximal wird.
Geben Sie diese maximale Streckenlänge an. (3 BE)

d) Für jedes u ($u \in \mathbb{R},\ u > 0$) begrenzen der Graph der Funktion f im Intervall $[0;\, u]$, die Gerade mit der Gleichung $x = u$ und die x-Achse eine Fläche vollständig.
Ermitteln Sie den Wert u, für den der Inhalt dieser Fläche 12 beträgt. (4 BE)

e) Der lokale Maximumpunkt des Graphen der Funktion f wird an der Geraden mit der Gleichung $y = 2x$ ($x \in \mathbb{R}$) gespiegelt.
Berechnen Sie die Koordinaten des Spiegelpunktes. (4 BE)

f) Für jedes a ($a \in \mathbb{R},\ a > 0$) ist eine Funktion f_a mit der Gleichung

$$f_a(x) = ax \cdot (x-3)^2 \quad (x \in \mathbb{R})$$

gegeben.
Der Graph der Funktion f_a besitzt genau zwei lokale Extrempunkte. Die Gerade durch diese beiden Extrempunkte und die Koordinatenachsen begrenzen eine Dreiecksfläche vollständig.
Ermitteln Sie den Inhalt dieser Fläche in Abhängigkeit von a. (6 BE)

(25 BE)

Lösungen

a) Nullstellen: $\underline{\underline{x_{N_1} = 0}}$ $\underline{\underline{x_{N_2} = 3}}$

Extrempunkte: $\underline{\underline{E_{Max}(1; 8)}}$

$\underline{\underline{E_{Min}(3; 0)}}$

Wendepunkt: $\underline{\underline{W(2; 4)}}$

b) Schnittstellen von $f(x) = 2x(x-3)^2$ und $y = 4$ mit GTR ermitteln:

$x_{S_1} = 0{,}268$ $x_{S_2} = 2$

Flächeninhalte:

$$A_1 = \int_{x_{S_1}}^{x_{S_2}} [f(x) - 4]dx = 4{,}5$$

$$A = \int_0^3 f(x)dx = 13{,}5$$

$$A_2 = A - A_1 = 9$$

Verhältnis der Flächeninhalte:

$$\underline{\underline{\frac{A_1}{A_2} = \frac{4{,}5}{9} = \frac{1}{2}}}$$

Skizze:

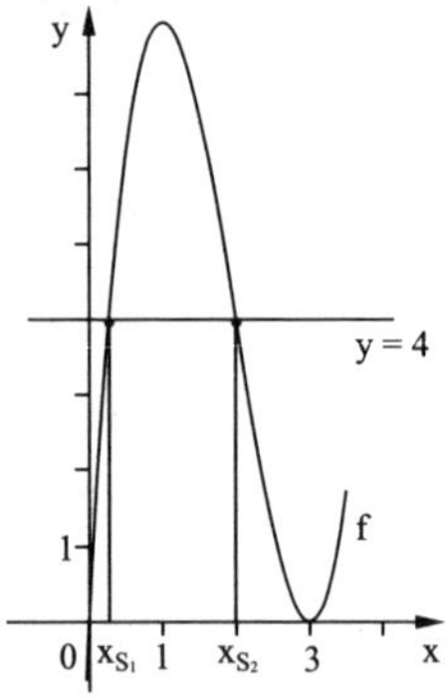

c) Gleichung der Geraden g: $g(x) = y = 2x$

d… Länge der Strecke $\overline{AB}$

$d(c) = f(c) - g(c)$

$d(c) = 2c(c-3)^2 - 2c$

Zum Ermitteln der gesuchten Werte lässt man z. B. die Funktion d im GRAPH-Menü zeichnen und liest die Koordinaten des Maximum-Punktes ab. Die x-Koordinate ist der gesuchte Wert c, die y-Koordinate die gesuchte Streckenlänge.

Für c = 0,845 ist die Länge der Strecke $\overline{AB}$ maximal. Dieses maximale Länge beträgt 6,158 LE.

Skizze:

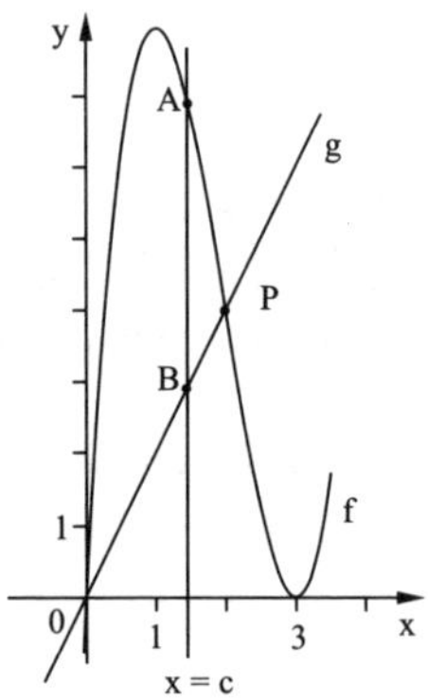

d) $A = \int_0^u f(x)dx$

$= \int_0^u (2x^3 - 12x^2 + 18x)dx$

$= \left[\frac{1}{2}x^4 - 4x^3 + 9x^2\right]_0^u$

$= \frac{1}{2}u^4 - 4u^3 + 9u^2 = 12$

Die Lösungen der Gleichung findet man mit dem GTR. Man lässt z. B. den Graphen der Funktion $f(u) = \frac{1}{2}u^4 - 4u^3 + 9u^2$ im GRAPH-Menü zeichnen und liest die x-Werte ab, welche den Funktionswert 12 besitzen.
Man erhält als Lösung $u_1 = 2$ ($u_2 = -0{,}95$ entfällt, da $u > 0$).
Für u = 2 beträgt der Inhalt der Fläche 12.

e) Skizze:

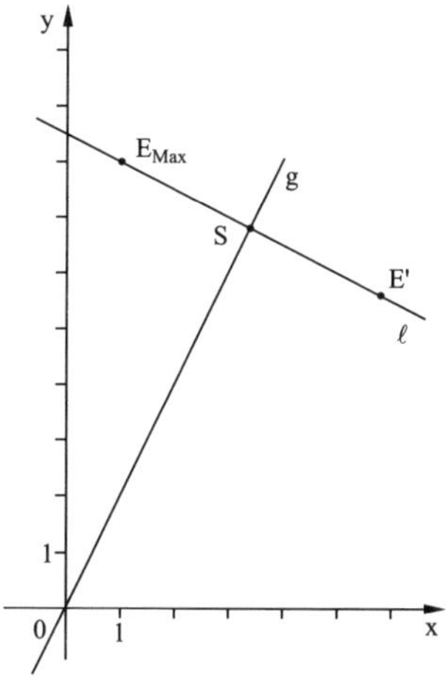

Erstellen der Lotgeraden ℓ zur Geraden g durch E_{Max}:

$$\left.\begin{array}{l} m_\ell = -\frac{1}{m_g} = -\frac{1}{2} \\ E_{Max}(1;8) \end{array}\right\} \quad \begin{array}{l} y = m_\ell x + n \\ 8 = -\frac{1}{2}\cdot 1 + n \\ n = 8{,}5 \end{array}$$

$$\underline{\ell\colon\ y = -\frac{1}{2}x + 8{,}5}$$

Schnittpunkt S von ℓ und g:

$$-\frac{1}{2}x_S + 8{,}5 = 2x_S$$
$$x_S = 3{,}4$$
$$y_S = 2 \cdot x_S = 6{,}8$$

$\underline{S(3{,}4;\ 6{,}8)}$

Koordinaten von E':

$$\overrightarrow{OE'} = \overrightarrow{OS} + \overrightarrow{E_{Max}S} = \begin{pmatrix} 3{,}4 \\ 6{,}8 \end{pmatrix} + \begin{pmatrix} 2{,}4 \\ -1{,}2 \end{pmatrix} = \begin{pmatrix} 5{,}8 \\ 5{,}6 \end{pmatrix}$$

Der Spiegelpunkt E' hat die Koordinaten E'(5,8; 5,6).

f) Extrempunkte:

$$f_a(x) = ax \cdot (x-3)^2 = ax^3 - 6ax^2 + 9ax$$
$$f_a'(x) = 3ax^2 - 12ax + 9a$$
$$f_a'(x_E) = 0 = 3ax_E^2 - 12ax_E + 9a \quad |:3a$$
$$0 = x_E^2 - 4x_E + 3$$
$$x_{E_{1;2}} = 2 \pm \sqrt{4-3} = 2 \pm 1$$
$$\underline{x_{E_1} = 2+1 = 3} \quad \underline{f_a(3) = 0} \quad \underline{\underline{E_1(3;\ 0)}}$$
$$\underline{x_{E_2} = 2-1 = 1} \quad \underline{f_a(1) = 4a} \quad \underline{\underline{E_2(1;\ 4a)}}$$

Erstellen der Geradengleichung k:

$$y = mx + n \quad \text{mit} \quad m = \frac{\Delta y}{\Delta x} = \frac{4a-0}{1-3} = -2a$$
$$\text{und} \quad E_1(3;\ 0)$$

folgt $0 = -2a \cdot 3 + n$

$n = 6a$

$\underline{\underline{k:\ y = -2ax + 6a}}$

Flächeninhalt des Dreiecks:

$$A = \frac{1}{2} \cdot a \cdot b \quad \text{mit} \quad \left.\begin{matrix} a = x_N \\ b = n \end{matrix}\right\} \text{von Gerade k}$$
$$0 = -2ax_N + 6a$$
$$\underline{x_N = 3}$$
$$A = \frac{1}{2} \cdot 3 \cdot 6a$$
$$\underline{\underline{A = 9a}}$$

Der Inhalt der Dreiecksfläche beträgt 9a.

Grundkurs Mathematik (Sachsen): Abiturprüfung 2003
Pflichtaufgabe B – Geometrie/Algebra

In einem kartesischen Koordinatensystem sind die Punkte A(–5; 12; 13), B(1; 4; 23) und C(1; 4; 3) sowie für jedes a ($a \in \mathbb{R}$) eine Gerade h_a durch die Gleichung

$$\vec{x} = \begin{pmatrix} -12 \\ a \\ 2 \end{pmatrix} + r \cdot \begin{pmatrix} 1 \\ -2 \\ 2 \end{pmatrix} \quad (r \in \mathbb{R})$$

gegeben.
Die Gerade g verläuft durch die Punkte A und B.

a) Zeigen Sie, dass die Punkte A, B und C Eckpunkte eines Dreiecks sind.
Weisen Sie nach, dass dieses Dreieck gleichschenklig und rechtwinklig ist.
Es existiert genau ein Punkt P derart, dass die Punkte A, B, C und P Eckpunkte eines Quadrats sind.
Ermitteln Sie die Koordinaten des Punktes P. (6 BE)

b) Alle Geraden h_a liegen in einer gemeinsamen Ebene.
Ermitteln Sie eine Gleichung dieser Ebene in allgemeiner Form. (2 BE)

c) Begründen Sie, dass keine der Geraden h_a zur Geraden g parallel ist.
Es existiert genau eine Gerade h_a, die die Gerade g in einen Punkt Q schneidet.
Bestimmen Sie die Koordinaten des Punktes Q.
Geben Sie die Größe des Schnittwinkels zwischen diesen beiden Geraden an. (4 BE)

d) Der Punkt S(–11; –5; 13) ist die Spitze einer geraden quadratischen Pyramide ABPCS.
Es existiert eine zweite gerade quadratische Pyramide ABPCS* mit der Grundfläche ABPC, die zur ersten Pyramide volumengleich ist.
Berechnen Sie die Koordinaten des Punktes S*. (3 BE)

(15 BE)

Lösungen

a) Die Punkte A, B und C bilden ein Dreieck, wenn sie nicht alle auf einer Geraden liegen.
Nachweis:

$$g_{AB}: \vec{x} = \begin{pmatrix} -5 \\ 12 \\ 13 \end{pmatrix} + p \begin{pmatrix} 6 \\ -8 \\ 10 \end{pmatrix} \quad (p \in \mathbb{R})$$

Prüfung, ob $C \in g_{AB}$:

$$\left.\begin{array}{lll} 1 = -5 + 6p & \Rightarrow & p_1 = 1 \\ 4 = 12 - 8p & \Rightarrow & p_2 = 1 \\ 3 = 13 + 10p & \Rightarrow & p_3 = -1 \end{array}\right\} \quad p_2 \neq p_3 \quad \Rightarrow \quad C \notin g_{AB}$$

Damit ist nachgewiesen, dass die 3 Punke ein Dreieck bilden.

Nachweis für Gleichschenkligkeit (1) und Rechtwinkligkeit (2) des Dreiecks ABC.

(1) Das Dreieck ist gleichschenklig, wenn es zwei gleichlange Seiten hat.

$$\overrightarrow{AB} = \begin{pmatrix} 6 \\ -8 \\ 10 \end{pmatrix} \qquad |\overrightarrow{AB}| = \sqrt{6^2 + (-8)^2 + 10^2} = \sqrt{200}$$

$$\overrightarrow{BC} = \begin{pmatrix} 0 \\ 0 \\ -20 \end{pmatrix} \qquad |\overrightarrow{BC}| = 20$$

$$\overrightarrow{AC} = \begin{pmatrix} 6 \\ -8 \\ -10 \end{pmatrix} \qquad |\overrightarrow{AC}| = \sqrt{6^2 + (-8)^2 + (-10)^2} = \sqrt{200}$$

Es gilt $|\overrightarrow{AB}| = |\overrightarrow{AC}|$. Damit ist gezeigt, dass das Dreieck ABC gleichschenklig ist.

(2) Das Dreieck ist rechtwinklig, wenn 2 Seiten senkrecht aufeinander stehen:

$$\overrightarrow{AB} \circ \overrightarrow{AC} = \begin{pmatrix} 6 \\ -8 \\ 10 \end{pmatrix} \cdot \begin{pmatrix} 6 \\ -8 \\ -10 \end{pmatrix} = 36 + 64 - 100 = 0$$

$$\Rightarrow \quad \overrightarrow{AB} \perp \overrightarrow{AC}$$

Damit ist gezeigt, dass das Dreieck rechtwinklig ist.

Bestimmung der Koordinaten des Punktes P:

Es gilt: $\overrightarrow{BP} = \overrightarrow{AC}$

$$\left.\begin{pmatrix} x_p - 1 \\ y_p - 4 \\ z_p - 23 \end{pmatrix} = \begin{pmatrix} 6 \\ -8 \\ -10 \end{pmatrix} \begin{array}{l} \Rightarrow \quad x_p = 7 \\ \Rightarrow \quad y_p = -4 \\ \Rightarrow \quad z_p = 13 \end{array}\right\} \quad \underline{\underline{P(7; -4; 13)}}$$

Skizze:

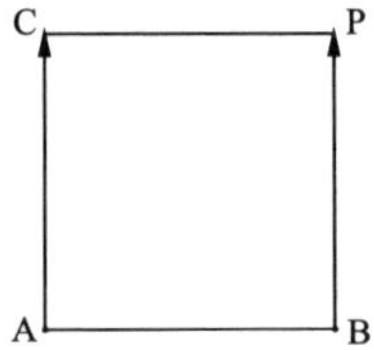

b) Ermitteln der Ebenengleichung:

für a = 1 $\Rightarrow$ $P_1(-12; 1; 2)$

für a = 2 $\Rightarrow$ $P_2(-12; 2; 2)$

und $\vec{a} = \begin{pmatrix} 1 \\ -2 \\ 2 \end{pmatrix}$

Daraus folgt:

$$E: \vec{x} = \overrightarrow{OP_1} + s \cdot \overrightarrow{P_1P_2} + t\vec{a} \quad (s, t \in \mathbb{R})$$

$$= \begin{pmatrix} -12 \\ 1 \\ 2 \end{pmatrix} + s\begin{pmatrix} 0 \\ 1 \\ 0 \end{pmatrix} + t\begin{pmatrix} 1 \\ -2 \\ 2 \end{pmatrix}$$

Ebenenumwandlung mittels GTR liefert die Gleichung der Ebene in allgemeiner Form

$\underline{\underline{E:\ -2x + z = 26}}$

c) Untersuchung der Parallelität von g und h_a:
Zwei Geraden sind zueinander parallel, wenn der Richtungsvektor der einen Geraden ein Vielfaches des Richtungsvektors der anderen Geraden ist.

$$\vec{a}_g = \begin{pmatrix} 6 \\ -8 \\ 10 \end{pmatrix} = w \cdot \vec{a}_{h_a} = w\begin{pmatrix} 1 \\ -2 \\ 2 \end{pmatrix} \Rightarrow \left\{ \begin{matrix} w_1 = 6 \\ w_2 = 4 \\ w_3 = 5 \end{matrix} \right\} \quad w_1 \neq w_2 \neq w_3 \Rightarrow g \nparallel h_a$$

Bestimmung des Schnittpunktes Q:

(I) $-12 + 1r = -5 + 6p$

(II) $a - 2r = 12 - 8p$

(III) $2 + 2r = 13 + 10p$

Lösung des Gleichungssystems mittels GTR liefert

$$\left. \begin{matrix} r = -2 \\ p = -1{,}5 \end{matrix} \right\} \text{ aus (I) und (III)}$$

$a = 20$ aus (II)

$\Rightarrow \underline{\underline{Q(-14; 24; -2)}}$

Angabe des Schnittwinkels α der beiden Geraden unter Nutzung des entsprechenden GTR-Programmes:

$\underline{\underline{\alpha = 8{,}13°}}$

d) Skizze:

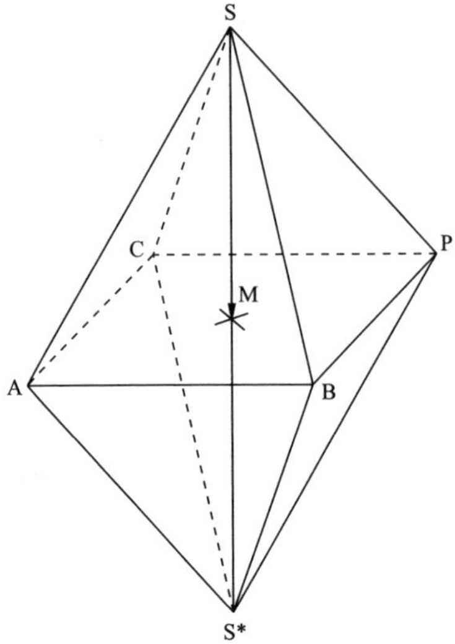

Bestimmen der Koordinaten M des Mittelpunktes der Grundfläche:

$$M\left(\frac{x_A + x_P}{2}; \frac{y_A + y_P}{2}; \frac{z_A + z_P}{2}\right)$$

$M(1; 4; 13)$

Koordinaten von S*:

$$\overrightarrow{OS^*} = \overrightarrow{OM} + \overrightarrow{SM} = \begin{pmatrix} 1 \\ 4 \\ 13 \end{pmatrix} + \begin{pmatrix} 12 \\ 9 \\ 0 \end{pmatrix} = \begin{pmatrix} 13 \\ 13 \\ 13 \end{pmatrix}$$

Der Punkt S* hat die Koordinaten S*(13; 13; 13).

Grundkurs Mathematik (Sachsen): Abiturprüfung 2003
Pflichtaufgabe C – Stochastik

Ein elektrisches Gerät wird aus genau drei unterschiedlichen, voneinander unabhängig arbeitenden Bauteilen montiert. Das Bauteil 1 hat eine Fehlerquote von 5 %, das Bauteil 2 von 2 % und bei Bauteil 3 liegt die Fehlerquote bei 4 %.

a) Der Produktion wird zufällig ein Gerät entnommen.
Berechnen Sie jeweils die Wahrscheinlichkeit folgender Ereignisse:
Ereignis A: Beim zufällig entnommenen Gerät ist nur das Bauteil 3 fehlerhaft.
Ereignis B: Beim zufällig entnommenen Gerät sind genau zwei Bauteile defekt. (2 BE)

b) Die Zufallgröße X beschreibt die Anzahl der defekten Bauteile bei einem zufällig der Produktion entnommenen Gerät.
Geben Sie die Wahrscheinlichkeitsverteilung der Zufallsgröße X an.
Es werden der Produktion zufällig 100 Geräte entnommen und überprüft.
Wie viele fehlerhafte Bauteile sind dabei zu erwarten? (3 BE)

Das elektrisch Gerät funktioniert nur dann, wenn alle drei Bauteile fehlerlos sind.
Durch Fehler bei der Montage kann allerdings das Zusammenwirken der Bauteile gestört und damit das Gerät nicht funktionstüchtig sein, so dass sich bei der Produktion dieses Gerätetyps insgesamt eine Ausschussquote von 12,5 % ergibt.

c) Berechnen Sie die Wahrscheinlichkeit dafür, dass in einem Karton mit 15 Geräten aus dieser Produktion genau zwei Geräte Ausschuss sind. (2 BE)

d) Ermitteln Sie die Wahrscheinlichkeit dafür, dass in einer aus 100 Geräte dieser Produktion bestehenden Lieferung mindestens 85 Geräte funktionstüchtig sind. (2 BE)

e) Wie viele Geräte dieses Typs muss ein Händler mindestens bestellen, damit die Wahrscheinlichkeit dafür, dass er wenigstens 50 funktionstüchtige Geräte erhält, größer als 90 % ist? (1 BE)

(10 BE)

Lösungen

a) $P(A) = 0{,}95 \cdot 0{,}98 \cdot 0{,}04 = \underline{\underline{0{,}0372}}$

$P(B) = 0{,}05 \cdot 0{,}02 \cdot 0{,}96 + 0{,}05 \cdot 0{,}98 \cdot 0{,}04 + 0{,}95 \cdot 0{,}02 \cdot 0{,}04$

$\underline{\underline{P(B) = 0{,}00368}}$

b) X … Anzahl der defekten Bauteile

$X = x_i$	0	1	2	3
$P(X = x_i)$	$0{,}95 \cdot 0{,}98 \cdot 0{,}96$ $= 0{,}89376$	$0{,}05 \cdot 0{,}98 \cdot 0{,}96$ $+ 0{,}95 \cdot 0{,}02 \cdot 0{,}96$ $+ 0{,}95 \cdot 0{,}98 \cdot 0{,}04$ $= 0{,}10252$	$P(B) = 0{,}00368$	$0{,}05 \cdot 0{,}02 \cdot 0{,}04$ $= 0{,}00004$

$E(X) = 0 \cdot 0{,}89376 + 1 \cdot 0{,}10252 + 2 \cdot 0{,}00368 + 3 \cdot 0{,}00004$
$= 0{,}11$

Bei der Entnahme von 100 Geräten sind $100 \cdot 0{,}11 = 11$ fehlerhafte Bauteile zu erwarten.

c) Y … Anzahl der Ausschuss-Geräte (n = 15; p = 0,125)

$P(Y = 2) = \binom{15}{2} \cdot 0{,}125^2 \cdot 0{,}875^{13}$

$\underline{\underline{P(Y = 2) = 0{,}2891}}$

d) Z … Anzahl der funktionstüchtigen Geräte (n = 100, p = 0,875)

$P(Z \geq 85) = P(Z = 85) + P(Z = 86) + \ldots + P(Z = 100)$

$\underline{\underline{P(Z \geq 85) = 0{,}8199}}$

Die Lösung ermittelt man mit einem entsprechenden GTR-Programm.

e) $P(Z \geq 50) > 0{,}9$

Durch Probieren im entsprechenden GTR-Programm findet man $n = 61$, d. h. der Händler muss mindestens 61 Geräte bestellen.

Grundkurs Mathematik (Sachsen): Abiturprüfung 2003
Wahlaufgabe D 1 – Analysis

Gegeben sind die Funktionen f und g durch die Gleichungen

$y = f(x) = 5 \cdot (e - e^{-x})\ \ (x \in \mathbb{R})$ und
$y = g(x) = 5 \cdot (e^{x} - e)\ \ (x \in \mathbb{R})$.

a) Zeigen Sie, dass gilt: $g(-x) = -f(x)$.
Interpretieren Sie diese Aussage geometrisch. (2 BE)

b) Die beiden Schnittpunkte der Graphen der Funktionen f und g sind Eckpunkte eines achsenparallelen Rechtecks.
Bestimmen Sie den prozentualen Anteil der von den beiden Graphen eingeschlossenen Fläche an der Fläche dieses Rechtecks. (3 BE)

c) Zur Simulation des Wasserhaushalts einer Talsperre experimentieren Schüler mit einem Fass. Das Fass ist anfangs mit einer bestimmten Wassermenge gefüllt. Nun wird dem Fass einerseits gleichmäßig Wasser zugeführt und andererseits ein Loch im Boden geöffnet, so dass Wasser abläuft.
Dieser Prozess kann näherungsweise durch ein mathematisches Modell beschrieben werden, wobei das Wasservolumen V_k (in Volumeneinheiten) im Fass in Abhängigkeit von der Zeit t (in Zeiteinheiten) durch die Gleichung
$V_k(t) = k \cdot e - k \cdot e^{-t}\ (t \geq 0)$
beschrieben wird. k $(k > 0)$ ist ein Parameter.
Im Folgenden sei das Anfangsvolumen des Wassers $V_k(0) = 8{,}6$.
Berechnen Sie für diesen Fall den Wert für k.
Ermitteln Sie, nach welcher Zeit sich in diesem Fall das 1,5-fache des Anfangsvolumens an Wasser im Fass befindet.
Ermitteln Sie, welches Fassungsvermögen dieses Fass mindestens haben muss, damit es nicht überläuft. (5 BE)

(10 BE)

Lösungen

a) Zu zeigen ist:

$$g(-x) = -f(x)$$

$$5 \cdot (e^{-x} - e) = -5(e - e^{-x}) = -5 \cdot (-1)(e^{-x} - e)$$

$$\underline{\underline{5(e^{-x} - e) = 5(e^{-x} - e)}} \quad \text{wahre Aussage}$$

Die Aussage $g(-x) = -f(x)$ bedeutet geometrisch, dass die Graphen der Funktionen f und g punktsymmetrisch zueinander sind.

b) Skizze:

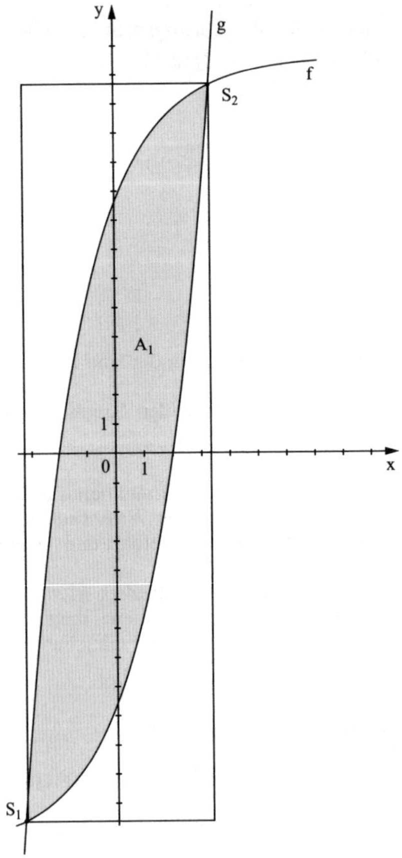

Koordinaten der Schnittpunkte:
$S_1(-1,66; -12,64)$
$S_2(1,66; 12,64)$

Flächeninhalte:

$A_{Rechteck} = 4 \cdot 1,66 \cdot 12,64 = 83,93$

$$A_1 = \int_{-1,66}^{1,66} [f(x) - g(x)]dx = 39,56$$

Prozentualer Anteil

$$\frac{A_1}{p} = \frac{A_{Rechteck}}{100\ \%}$$

$$p = \frac{39{,}56}{83{,}93} \cdot 100\ \%$$

$$\underline{\underline{p = 47{,}1\ \%}}$$

Der Anteil der von beiden Graphen eingeschlossenen Fläche an der Rechteckfläche beträgt 47,1 %.

c) $V_k(t) = k \cdot e - k \cdot e^{-t} \quad (t \geq 0)$

$$V_k(0) = k \cdot e - k = 8{,}6$$

$$k(e-1) = 8{,}6$$

$$k = \frac{8{,}6}{e-1}$$

$$\underline{\underline{k \approx 5{,}0}}$$

mit k = 5 gilt:

$$V_5(t) = 5e - 5e^{-t}$$

$$1{,}5 \cdot 8{,}6 = 5e - 5e^{-t}$$

$$5e^{-t} = 5e - 12{,}9$$

$$e^{-t} = e - 2{,}58$$

$$-t = \ln(e - 2{,}58)$$

$$t = -\ln(e - 2{,}589$$

$$\underline{\underline{t \approx 2{,}0}}$$

Nach ca. t = 2 hat sich das Ausgangsvolumen des Wassers auf das 1,5-fache erhöht.

Hinweis:
Die Lösung kann man, da sie zu ermitteln ist, auch mit dem GTR bestimmen.

Maximales Fassungsvermögen dieses Fasses:

$$\lim_{t \to \infty} V_5(t) = \lim_{t \to \infty} (5e - 5e^{-t})$$

$$= 5e - \lim_{t \to \infty} 5e^{-t}$$

$$= 5e - 0$$

$$= 5e$$

$$\underline{\underline{= 13{,}6}}$$

Das Fass muss ein Fassungsvermögen von mindestens 13,6 haben.

Grundkurs Mathematik (Sachsen): Abiturprüfung 2003
Wahlaufgabe D 2 – Geometrie/Algebra

In einem kartesischen Koordinatensystem ist für jedes a ($a \in \mathbb{R}$) eine Gerade g_a durch

$$\vec{x} = \begin{pmatrix} 2a \\ 4a \\ 4 \end{pmatrix} + t \cdot \begin{pmatrix} 4-a \\ 10-2a \\ -4 \end{pmatrix} \quad (t \in \mathbb{R})$$

gegeben.

a) Untersuchen Sie die Lagebeziehung zwischen der Geraden $g_{-\frac{3}{4}}$ und der Geraden $g_{\frac{1}{2}}$.

Zeigen Sie, dass sich alle Geraden g_a in genau einem Punkt schneiden. (4 BE)

b) Weisen Sie nach, dass keine Gerade g_a die x-y-Ebene orthogonal schneidet.

Alle Schnittpunkte S_a der Geraden g_a mit der x-y-Ebene liegen auf ein und derselben Geraden.
Ermitteln Sie eine Gleichung dieser Geraden.

Es existiert genau eine Gerade g_a, für die der Schnittwinkel mit der x-y-Ebene maximal ist.
Ermitteln Sie für diese Gerade den Wert a. (6 BE)

(10 BE)

Lösungen

a) $g_{-\frac{3}{4}}: \vec{x} = \begin{pmatrix} -1{,}5 \\ -3 \\ 4 \end{pmatrix} + t_1 \begin{pmatrix} 4{,}75 \\ 11{,}5 \\ -4 \end{pmatrix} \quad (t_1, t_2 \in \mathbb{R})$

$g_{\frac{1}{2}}: \quad \vec{x} = \begin{pmatrix} 1 \\ 2 \\ 4 \end{pmatrix} + t_2 \begin{pmatrix} 3{,}5 \\ 9 \\ -4 \end{pmatrix}$

Untersuchung der Lagebeziehung:

$$\left.\begin{array}{lll} (1)\ 4{,}75 = r \cdot 3{,}5 & \Rightarrow & r_1 = 1\frac{5}{14} \\ 11{,}5 = r \cdot 9 & \Rightarrow & r_2 = 1\frac{5}{18} \\ -4 = r \cdot (-4) & \Rightarrow & r_3 = 1 \end{array}\right\} \Rightarrow \begin{array}{l} r_1 \neq r_2 \neq r_3 \\ g_{\frac{1}{2}} \nparallel g_{-\frac{3}{4}} \end{array}$$

(2) Untersuchung auf Schnittpunkte

$$\begin{array}{ll} \text{(I)} & -1{,}5 + 4{,}75t_1 = 1 + 3{,}5t_2 \\ \text{(II)} & -3 + 11{,}5t_1 = 2 + 9t_2 \\ \text{(III)} & 4 - 4t_1 = 4 - 4t_2 \end{array}$$

aus (III) folgt $t_1 = t_2$

in (II) $-3 + 11{,}5t_2 = 2 + 9t_2$

$2{,}5t_2 = 5$

$\underline{t_2 = 2}$

Probe in (I) $-1{,}5 + 4{,}75 \cdot 2 = 1 + 3{,}5 \cdot 2$

$8 = 8 \quad$ w. A.

Die Geraden schneiden sich im Punkt S(8; 20; –4).

Schnittpunkt aller Geraden:

(1) Die Geraden g_a sind nicht parallel zueinander, da die x- und y-Koordinate des Richtungsvektors vom Parameter a abhängig sind, die z-Koordinate nicht.

(2) Prüfung, ob S auf allen Geraden liegt:

$$\begin{array}{ll} \text{(I)} & 8 = 2a + (4 - a)t \\ \text{(II)} & 20 = 4a + (10 - 2a)t \\ \text{(III)} & -4 = 4 - 4t \end{array}$$

aus (III) folgt $t = 2$

einsetzen in (I): $8 = 2a + (4 - a) \cdot 2$

$0 = 0 \quad$ w. A.

in (II): $20 = 4a + (10 - 2a) \cdot 2$

$0 = 0 \quad$ w. A.

$\Rightarrow$ S(8; 20; –4) ist der gemeinsame Punkt aller Geraden g_a.

b) $g_a \perp$ x-y-Ebene, wenn der Richtungsvektor der Geraden orthogonal zu beiden Spannvektoren der Ebene verläuft.

$$E_{xy}: \vec{x} = t\begin{pmatrix}1\\0\\0\end{pmatrix} + v\begin{pmatrix}0\\1\\0\end{pmatrix} \quad (t, v \in \mathbb{R})$$

Prüfung:

$$\begin{pmatrix}4-a\\10-2a\\-4\end{pmatrix} \circ \begin{pmatrix}1\\0\\0\end{pmatrix} = 4 - a = 0$$

$$a_1 = 4$$

und

$$\begin{pmatrix}4-a\\10-2a\\-4\end{pmatrix} \circ \begin{pmatrix}0\\1\\0\end{pmatrix} = 10 - 2a = 0$$

$$a_2 = 5$$

$$a_1 \neq a_2 \quad \Rightarrow \quad g_a \not\perp \text{x-y-Ebene}$$

Ermitteln von 2 Schnittpunkten z. B.zwischen

(1) $g_{-\frac{3}{4}}$ und x-y-Ebene

und

(2) $g_{\frac{1}{2}}$ und x-y-Ebene

mittels eines GTR-Programms und Aufstellen der Geradengleichung durch diese beiden Punkte.

$S_1(3{,}25;\ 8{,}5;\ 0)$ $S_2(4{,}5;\ 11;\ 0)$

$$g_{S_1S_2}: \vec{x} = \begin{pmatrix}4{,}5\\11\\0\end{pmatrix} + w\begin{pmatrix}1{,}25\\2{,}5\\0\end{pmatrix} \quad (w \in \mathbb{R})$$

Schnittwinkel zwischen g_a und x-y-Ebene:

$$\sin\alpha = \left|\frac{\vec{a} \circ \vec{n}}{|\vec{a}| \cdot |\vec{n}|}\right| \qquad \text{mit } \vec{a} = \begin{pmatrix}4-a\\10-2a\\-4\end{pmatrix} \text{ und } \vec{n} = \begin{pmatrix}0\\0\\1\end{pmatrix}$$

$$= \left|\frac{-4}{\sqrt{(4-a)^2 + (10-2a)^2 + (-4)^2} \cdot 1}\right|$$

$$= \left|\frac{-4}{\sqrt{132 - 48a + 5a^2}}\right|$$

$$= \frac{4}{\sqrt{132 - 48a + 5a^2}} = f(a)$$

Das Maximum mit dem GTR bestimmen. Man lässt z. B. den Graphen der Funktion f(a) im GRAPH-Menü zeichnen und liest die x-Koordinate der Extremstelle ab.

Für $a = 4{,}8$ wird der Schnittwinkel zwischen der Geraden g_a und der x-y-Ebene maximal.

Grundkurs Mathematik (Sachsen): Abiturprüfung 2003 (Nachtermin)
Pflichtaufgabe A – Analysis

Gegeben ist eine Funktion f durch

$$y = f(x) = \frac{1}{2}x^2 \cdot e^{-\frac{1}{2}x} \qquad (x \in \mathbb{R}).$$

a) Geben Sie die Nullstelle, die Koordinaten der lokalen Extrempunkte und deren Art sowie die Koordinaten der Wendepunkte des Graphen der Funktion f an. (5 BE)

b) Ermitteln Sie eine Gleichung der quadratischen Funktion, deren Graph durch den Koordinatenursprung geht und im Punkt P(2; 2) einen lokalen Extrempunkt hat. (4 BE)

c) Weisen Sie nach, dass die Funktion F mit

$$F(x) = e^{-\frac{1}{2}x} \cdot (-x^2 - 4x - 8) \qquad (x \in \mathbb{R})$$

eine Stammfunktion der Funktion f ist.
Ermitteln Sie eine Gleichung derjenigen Stammfunktion von f, deren Graph durch den Punkt Q(0; –12) geht.

Der Graph der Funktion f, die Parabel g mit der Gleichung

$$y = g(x) = -\frac{1}{2}x^2 + 2x \qquad (x \in \mathbb{R})$$

und die Gerade x = 2 begrenzen im Intervall [0; 2] eine Fläche vollständig.
Weisen Sie ohne Verwendung von Näherungswerten nach, dass der Inhalt dieser Fläche $\left(\frac{20}{e} - \frac{16}{3}\right)$ beträgt. (7 BE)

d) Es gibt genau eine Tangente an den Graphen der Funktion f, die zur Geraden mit der Gleichung $y = -3ex$ $(x \in \mathbb{R})$ parallel ist.
Ermitteln Sie eine Gleichung dieser Tangente. (4 BE)

e) Für jede Zahl t $(t \in \mathbb{R},\ t > 0)$ ist eine Funktion f_t durch

$$y = f_t(x) = tx^2 \cdot e^{-\frac{1}{2}x} \qquad (x \in \mathbb{R}) \text{ gegeben.}$$

Der Graph der Funktion f_t besitzt genau einen lokalen Maximumpunkt.
Zeigen Sie, dass alle diese Punkte auf ein und derselben Geraden liegen.
Geben Sie eine Gleichung dieser Geraden an.
Begründen Sie, dass es keine Zahl t gibt, so dass der lokale Maximumpunkt der Funktion f_t unterhalb der x-Achse liegt. (5 BE)

(25 BE)

Lösungen

a) Nullstelle: $\underline{\underline{x_N = 0}}$

Extrempunkte: $\underline{\underline{E_{Min}(0;0)}}$ $\underline{\underline{E_{Max}(4,00;1,08)}}$

Wendepunkte: $\underline{\underline{W_1(1,17;0,38)}}$ $\underline{\underline{W_2(6,83;0,77)}}$

Laut Aufgabenstellung ist nur eine Angabe der Lösungen verlangt.

Ohne GTR wäre die Aufgabe wie folgt zu lösen:

Nullstelle:

$$f(x_N) = 0 = \frac{1}{2}x_N^2 \cdot \underbrace{e^{-\frac{1}{2}x_N}}_{\neq 0}$$

$$0 = \tfrac{1}{2}x_N^2$$

$$x_N = 0$$

Extrempunkte:

$$f'(x) = \frac{1}{2} \cdot \left(2x \cdot e^{-\frac{1}{2}x} + x^2 \cdot \left(-\frac{1}{2}\right) \cdot e^{-\frac{1}{2}x}\right)$$

$$f'(x) = x \cdot e^{-\frac{1}{2}x} - \frac{1}{4}x^2 \cdot e^{-\frac{1}{2}x}$$

$$f'(x) = e^{-\frac{1}{2}x}\left(x - \frac{1}{4}x^2\right)$$

$$f''(x) = -\frac{1}{2}e^{-\frac{1}{2}x}\left(x - \frac{1}{4}x^2\right) + e^{-\frac{1}{2}x}\left(1 - \tfrac{1}{2}x\right)$$

$$f''(x) = e^{-\frac{1}{2}x}\left(-\frac{1}{2}x + \frac{1}{8}x^2 + 1 - \frac{1}{2}x\right)$$

$$f''(x) = e^{-\frac{1}{2}x}\left(1 - x + \frac{1}{8}x^2\right)$$

$$f'(x_E) = 0 = \underbrace{e^{-\frac{1}{2}x_E}}_{\neq 0}\left(x_E - \frac{1}{4}x_E^2\right)$$

$$0 = x_E\left(1 - \frac{1}{4}x_E\right)$$

$x_{E_1} = 0 \quad y_{E_1} = f(x_{E_1}) = 0 \quad E_1(0;0)$

$x_{E_2} = 4 \quad y_{E_2} = f(x_{E_2}) = 8e^{-2} \approx 1,08 \quad E_2(4;1,08)$

$f''(x_{E_1}) = 1 > 0 \quad \Rightarrow$ lokales Minimum

$f''(x_{E_2}) = -e^{-2} < 0 \quad \Rightarrow$ lokales Maximum

Wendepunkte:

$$f''(x_W) = 0 = \underbrace{e^{-\frac{1}{2}x_W}}_{\neq 0}\left(1 - x_W + \frac{1}{8}x_W^2\right)$$

$$0 = \tfrac{1}{8}x_W^2 - x_W + 1$$

$$0 = x_W^2 - 8x_W + 8$$

$$x_{W_{1;2}} = 4 \pm \sqrt{16-8}$$

$$x_{W_{1;2}} = 4 \pm \sqrt{8}$$

$$x_{W_1} = 4 - \sqrt{8} \approx 1{,}17 \qquad y_W = f(x_{W_1}) = 0{,}38 \qquad W_1(1{,}17; 0{,}38)$$
$$x_{W_2} = 4 + \sqrt{8} \approx 6{,}83 \qquad y_{W_2} = f(x_{W_2}) = 0{,}77 \qquad W_2(6{,}83; 0{,}77)$$

$$f'''(x) = -\frac{1}{2}e^{-\frac{1}{2}x}\left(1 - x + \frac{1}{8}x^2\right) + e^{-\frac{1}{2}x}\left(-1 + \frac{1}{4}x\right)$$

$$f'''(x) = e^{-\frac{1}{2}x}\left(-\frac{3}{2} + \frac{3}{4}x - \frac{1}{16}x^2\right)$$

$$\left.\begin{array}{l} f'''(x_{W_1}) \approx -0{,}394 \neq 0 \\ f'''(x_{W_2}) \approx \;\; 0{,}023 \neq 0 \end{array}\right\} W_1, W_2 \text{ sind Wendepunkte}$$

b) allgemeine Gleichung einer quadratischen Funktion:

$$f(x) = ax^2 + bx + c$$

mit $E_{Max}(2; 2) \Rightarrow$		$f(2)$	$= 4a + 2b + c$	$= 2$	(I)
		$f'(2)$	$= 4a + b$	$= 0$	(II)
	denn	$f'(x)$	$= 2ax + b$		
mit $O(0; 0)$	$\Rightarrow$	$f(0)$	$= c$	$= 0$	(III)
(III) in (I)		$4a + 2b$	$= 2$		
(II)		$4a + b$	$= 0$		

$$\left.\begin{array}{l} a = -\dfrac{1}{2} \\ b = 2 \end{array}\right\} \text{mit GTR bestimmt}$$

Die Gleichung der gesuchten Funktion lautet:

$$f(x) = y = -\frac{1}{2}x^2 + 2x$$

c) Die Funktion F ist Stammfunktion der Funktion f, wenn gilt:
$F'(x) = f(x)$

Nachweis:

$F'(x) = -\frac{1}{2} \cdot e^{-\frac{1}{2}x} \cdot (-x^2 - 4x - 8) + e^{-\frac{1}{2}x} \cdot (-2x - 4)$

$F'(x) = e^{-\frac{1}{2}x} \cdot \left(\frac{1}{2}x^2 + 2x + 4 - 2x - 4\right)$

$F'(x) = \frac{1}{2}x^2 \cdot e^{-\frac{1}{2}x} = f(x)$ w. A.

Ermitteln der Stammfunktion durch den Punkt Q(0; –12):

$F_c(0) = e^{-\frac{1}{2} \cdot 0} \cdot (-0^2 - 4 \cdot 0 - 8) + c = -12$

$-8 + c = -12$

$c = -4$

$\Rightarrow F_{-4}(x) = e^{-\frac{1}{2}x} \cdot (-x^2 - 4x - 8) - 4$

Nachweis des Flächeninhaltes:

$A = \int_0^2 [g(x) - f(x)]dx$

$A = \int_0^2 \left[-\frac{1}{2}x^2 + 2x - f(x)\right]dx$

$A = \left[-\frac{1}{6}x^3 + x^2 - e^{-\frac{1}{2}x} \cdot (-x^2 - 4x - 8)\right]_0^2$

$A = \left(-\frac{4}{3} + 4 - e^{-1}(-4 - 8 - 8)\right) - (-e^0 \cdot (-8))$

$A = \frac{8}{3} + \frac{20}{e} - 8$

$A = \frac{20}{e} - \frac{16}{3}$

Skizze:

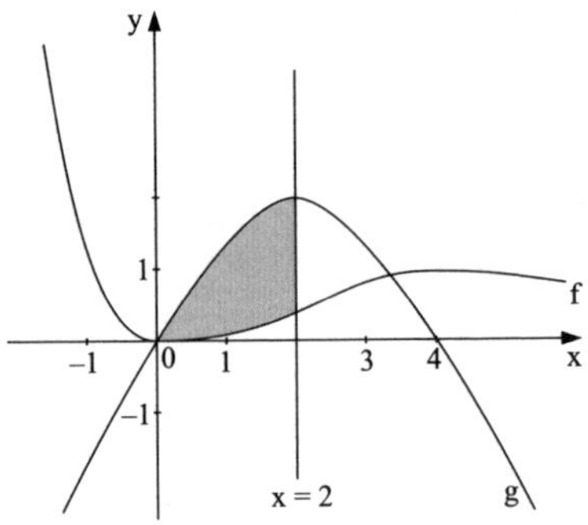

Damit ist nachgewiesen, dass der Inhalt der Fläche mit dem vorgegebenen Wert übereinstimmt.

d) Ermitteln der Tangentengleichung der Tangente t:

Wenn $t \parallel y = -3ex \Rightarrow f'(x_B) = -3e = m_t$

$f'(x) = e^{-\frac{1}{2}x}\left(x - \frac{1}{4}x^2\right)$ (siehe Teilaufgabe a))

daraus folgt

$f'(x_B) = e^{-\frac{1}{2}x_B}\left(x_B - \frac{1}{4}x_B^2\right) = -3e$

$x_B = -2$

Die Berührungsstelle x_B findet man mit dem GTR, indem man z. B. den Graphen der Funktion $f'(x_B)$ im GRAPH-MENÜ zeichnen lässt und den x-Wert bestimmt, für welchen $y = -3e$ gilt.

Damit folgt für t: $y = m_t x + n$

mit $m_t = -3e$ und $B(-2; f(-2))$ also $B(-2; 2e)$

$$2e = -3e \cdot (-2) + n$$
$$\underline{n = -4e}$$
$$\Rightarrow \quad \underline{\underline{t: y = -3ex - 4e}}$$

e) $f_t'(x) = 2tx \cdot e^{-\frac{1}{2}x} + tx^2 \cdot \left(-\frac{1}{2}\right) \cdot e^{-\frac{1}{2}x}$

$$f_t'(x) = \left(2tx - \frac{1}{2}tx^2\right) \cdot e^{-\frac{1}{2}x}$$

$$f_t'(x_E) = 0 = \left(2tx_E - \frac{1}{2}tx_E^2\right) \cdot \underbrace{e^{-\frac{1}{2}x_E}}_{\neq 0}$$

$$0 = \left(2t - \frac{1}{2}tx_E\right)x_E$$

$$\underline{x_{E_1} = 0} \qquad 0 = 2t - \frac{1}{2}tx_E$$
$$\underline{x_{E_2} = 4}$$

$$f_t''(x) = (2t - tx) \cdot e^{-\frac{1}{2}x} + \left(2tx - \frac{1}{2}tx^2\right) \cdot \left(-\frac{1}{2}\right) \cdot e^{-\frac{1}{2}x}$$

$$f_t''(x) = \left(2t - 2tx + \frac{1}{4}tx^2\right) \cdot e^{-\frac{1}{2}x}$$

$f_t''(0) = 2t > 0$ $\quad\Rightarrow$ lokales Minimum (da $t > 0$)

$f_t''(4) = (2t - 8t + 4t) \cdot e^{-2} = -\frac{2t}{e^2} < 0$ $\quad\Rightarrow$ lokales Maximum (da $t > 0$)

Da alle lokalen Maximumpunkte in der x-Koordinate übereinstimmen, liegen sie alle auf einer Geraden parallel zur y-Achse.
Diese Gerade hat die Gleichung $\underline{\underline{x = 4}}$.

Die y-Koordinate des lokalen Maximumpunktes $f_t(4) = 16t \cdot e^{-2}$ ist stets positiv, da bei gegebenem $t > 0$ sowohl $16t > 0$, als auch $e^{-2} = \frac{1}{e^2} > 0$ gilt. Somit gibt es keinen Wert t, für den der lokale Maximumpunkt der Funktion f_t unterhalb der x-Achse liegt.

Grundkurs Mathematik (Sachsen): Abiturprüfung 2003 (Nachtermin)
Pflichtaufgabe B – Geometrie / Algebra

In einem kartesischen Koordinatensystem ist ein Prisma ABCDEFGH mit rechteckiger Grundfläche ABCD durch die Punkte A(4; 1; –4), B(5; 7; –1), C(–1; 7; 1) und E(5,5; –1,5; 0,5) gegeben. Die Strecke $\overline{AE}$ ist eine Kante des Prismas.

a) Ermitteln Sie die Koordinaten des Punktes D.
Stellen Sie das Prisma in einem kartesischen Koordinatensystem dar.
Zeigen Sie, dass dieses Prisma ein Quader ist. (5 BE)

b) Bestimmen Sie die Größe des Neigungswinkels der Raumdiagonalen $\overline{EC}$ zur Diagonalen $\overline{AC}$ der Grundfläche ABCD des Quaders.
Begründen Sie, dass die Raumdiagonalen $\overline{EC}$ und $\overline{AG}$ eindeutig eine Ebene bestimmen und geben Sie eine Gleichung dieser Ebene an. (4 BE)

c) Auf der Verlängerung der Kante $\overline{AE}$ über den Punkt E hinaus existiert ein Punkt K derart, dass gilt: $|\overrightarrow{EK}| = \sqrt{115}$.
Ermitteln Sie die Koordinaten des Punktes K. (3 BE)

d) Ein Punkt P teilt die Kante $\overline{AB}$ im Verhältnis 2 : 3. Der Punkt Q ist der Mittelpunkt der Strecke $\overline{EF}$. Die Strecke $\overline{PQ}$ teilt das Rechteck ABFE in zwei Trapeze.
Zeigen Sie, dass sich die Flächeninhalte dieser Trapeze wie 9 : 11 verhalten. (3 BE)

(15 BE)

Lösungen

a) Skizze der Grundfläche:

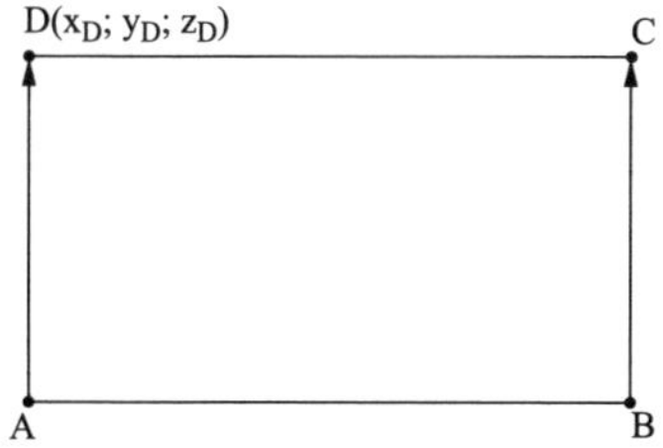

$$\overrightarrow{AD} = \begin{pmatrix} x_D - 4 \\ y_D - 1 \\ z_D + 4 \end{pmatrix} = \overrightarrow{BC} = \begin{pmatrix} -6 \\ 0 \\ 2 \end{pmatrix} \begin{matrix} \Rightarrow x_D = -2 \\ \Rightarrow y_D = 1 \\ \Rightarrow z_D = -2 \end{matrix}$$

$\Rightarrow \underline{\underline{D(-2; 1; -2)}}$

Darstellung des Prismas:

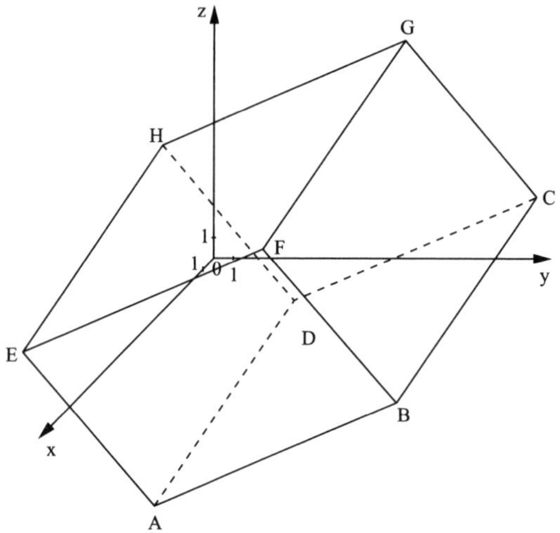

Dieses Prisma ist ein Quader, wenn die Seitenkanten senkrecht zu Grund- und Deckfläche verlaufen.

Zu zeigen ist z. B.:

$$\overrightarrow{AE} \perp \overrightarrow{AB} \quad \text{und} \quad \overrightarrow{AE} \perp \overrightarrow{AD}$$

d. h. (I) $\overrightarrow{AE} \circ \overrightarrow{AB} = 0$ und (II) $\overrightarrow{AE} \circ \overrightarrow{AD} = 0$

$$\left.\begin{matrix} \text{zu (I)} \begin{pmatrix} 1{,}5 \\ -2{,}5 \\ 4{,}5 \end{pmatrix} \circ \begin{pmatrix} 1 \\ 6 \\ 3 \end{pmatrix} = 1{,}5 - 15 + 13{,}5 = 0 \\ \text{zu (II)} \begin{pmatrix} 1{,}5 \\ -2{,}5 \\ 4{,}5 \end{pmatrix} \circ \begin{pmatrix} -6 \\ 0 \\ 2 \end{pmatrix} = -9 + 0 + 9 = 0 \end{matrix}\right\} \Rightarrow \text{Das Prisma ist ein Quader.}$$

b) Größe des Neigungswinkels α:

$$\cos\alpha = \frac{\overrightarrow{CE} \circ \overrightarrow{CA}}{|\overrightarrow{CE}| \cdot |\overrightarrow{CA}|} \qquad \text{mit } \overrightarrow{CE} = \begin{pmatrix} 6,5 \\ -8,5 \\ -0,5 \end{pmatrix} \text{ und } \overrightarrow{CA} = \begin{pmatrix} 5 \\ -6 \\ -5 \end{pmatrix}$$

$$\cos\alpha = \frac{6,5 \cdot 5 + (-8,5) \cdot (-6) + (-0,5) \cdot (-5)}{\sqrt{6,5^2 \cdot (-8,5)^2 \cdot (-0,5)^2} \cdot \sqrt{5^2 \cdot (-6)^2 \cdot (-5)^2}}$$

$$\cos\alpha = \frac{86}{\sqrt{114,75} \cdot \sqrt{86}}$$

$$\cos\alpha = 0,866$$

$$\underline{\underline{\alpha = 30,0°}}$$

Die Raumdiagonalen eines Quaders schneiden sich alle in einem Punkt, und zwei sich schneidende Raumdiagonalen bestimmen somit eindeutig eine Ebene.

Eine mögliche Gleichung der Ebene ist:

$$\vec{x} = \overrightarrow{OA} + r \cdot \overrightarrow{AC} + s \cdot \overrightarrow{AE} \quad (r, s \in \mathbb{R})$$

$$\underline{\underline{\vec{x} = \begin{pmatrix} 4 \\ 1 \\ -4 \end{pmatrix} + r \cdot \begin{pmatrix} -5 \\ 6 \\ 5 \end{pmatrix} + s \cdot \begin{pmatrix} 1,5 \\ -2,5 \\ 4,5 \end{pmatrix}}}$$

c) $K \in g_{AE}$: $\vec{x} = \underbrace{\begin{pmatrix} 4 \\ 1 \\ -4 \end{pmatrix}}_{\overrightarrow{OA}} + t \cdot \underbrace{\begin{pmatrix} 1,5 \\ -2,5 \\ 4,5 \end{pmatrix}}_{\overrightarrow{AE}} \quad (t \in \mathbb{R})$ und $|\overrightarrow{EK}| = \sqrt{115}$

$$|\overrightarrow{AE}| = \sqrt{1,5^2 + (-2,5)^2 + 4,5^2} = \sqrt{28,75}$$

$$|\overrightarrow{EK}| = \sqrt{115} = \sqrt{4 \cdot 28,75} = 2\sqrt{28,75} = 2 \cdot |\overrightarrow{AE}|$$

also $\quad \overrightarrow{EK} = 2 \cdot \overrightarrow{AE}$

und damit $\quad \overrightarrow{AK} = 3 \cdot \overrightarrow{AE} \Rightarrow t = 3$

da $\overrightarrow{OK} = \overrightarrow{OA} + 3\overrightarrow{AE}$

$\Rightarrow \underline{\underline{K(8,5; -6,5; 9,5)}}$

d) Es gilt:

$\overline{EF} = c = c_1 + c_2$

$\overline{AB} = a = a_1 + a_2$

Flächeninhalt des Trapezes:

$$A = \frac{1}{2}(a + c) \cdot h \quad (a \parallel c)$$

Skizze:

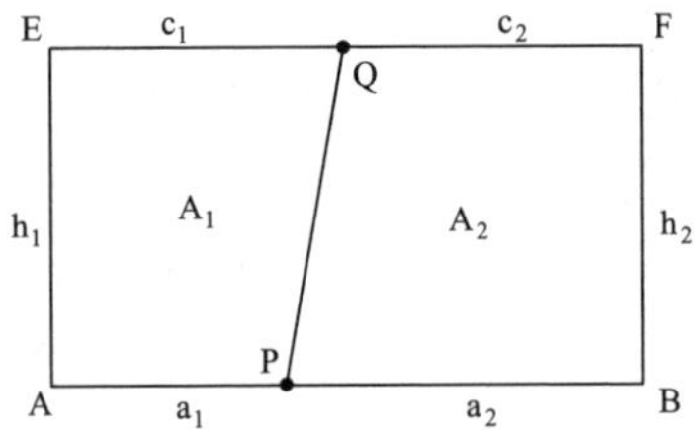

Trapez 1 | Trapez 2

$$A_1 = \frac{1}{2}(a_1 + c_1) \cdot h_1 \qquad A_2 = \frac{1}{2}(a_2 + c_2) \cdot h_2$$

$$h_1 = h_2 = h$$

$$a_1 = \frac{2}{5}a \qquad a_2 = \frac{3}{5}a$$

$$c_1 = \frac{1}{2}c \overset{c=a}{=\!=\!=} \frac{1}{2}a \qquad c_2 = \frac{1}{2}c \overset{c=a}{=\!=\!=} \frac{1}{2}a$$

$$A_1 = \frac{1}{2}\left(\frac{2}{5}a + \frac{1}{2}a\right) \cdot h \qquad A_2 = \frac{1}{2}\left(\frac{3}{5}a + \frac{1}{2}a\right) \cdot h$$

$$A_1 = \frac{9}{20}ah \qquad A_2 = \frac{11}{20}ah$$

$$\Rightarrow \underline{\underline{A_1 : A_2 = 9 : 11}}$$

Die Flächeninhalte der Trapeze verhalten sich wie 9 : 11.

Eine weitere Möglichkeit wäre die Berechnung beider Flächeninhalte:

$$a = |\overrightarrow{AB}| = \sqrt{1^2 + 6^2 + 3^2} = \sqrt{46}$$

$$a_1 = \frac{2}{5}a = \frac{2}{5}\sqrt{46} \qquad a_2 = \frac{3}{5}a = \frac{3}{5}\sqrt{46}$$

$$c_1 = c_2 = \frac{1}{2}a = \frac{1}{2}\sqrt{46}$$

$$h = |\overrightarrow{AE}| = \sqrt{1{,}5^2 + (-2{,}5)^2 + 4{,}5^2} = \sqrt{28{,}75}$$

Damit gilt:

$$A_1 = \frac{1}{2}(a_1 + c_1) \cdot h \qquad A_2 = \frac{1}{2}(a_2 + c_2) \cdot h$$

$$A_1 = \frac{1}{2}\left(\frac{2}{5}\sqrt{46} + \frac{1}{2}\sqrt{46}\right) \cdot \sqrt{28{,}75} \qquad A_2 = \frac{1}{2}\left(\frac{3}{5}\sqrt{46} + \frac{1}{2}\sqrt{46}\right) \cdot \sqrt{28{,}75}$$

$$A_1 = \frac{9}{20} \cdot \sqrt{46} \cdot \sqrt{28{,}75} \qquad A_2 = \frac{11}{20}\sqrt{46} \cdot \sqrt{28{,}75}$$

$$\Rightarrow \underline{\underline{\frac{A_1}{A_2} = \frac{9}{11}}}$$

Grundkurs Mathematik (Sachsen): Abiturprüfung 2003 (Nachtermin)
Pflichtaufgabe C – Stochastik

Im ersten Quadranten des Koordinatensystems betrachten wir die Quadratfläche, die von der x-Achse, der y-Achse sowie den Geraden mit den Gleichungen $x = 50$ und $y = 50$ begrenzt wird.
In dieses Quadrat wird ein Kreis mit einem Durchmesser von 30,9 so eingezeichnet, dass er völlig innerhalb des Quadrates liegt. Zufällig wird ein Punkt auf die Quadratfläche „geworfen".
Dabei wird bei jedem „Wurf" die Quadratfläche getroffen. Die Trefferwahrscheinlichkeit ist auf dieser Fläche gleich verteilt. Landet der „geworfene" Punkt dabei innerhalb des Kreises oder auf dem Kreisbogen, dann zählt er als „Treffer", landet er außerhalb des Kreises, dann zählt er als „Niete".

a) Zeigen Sie, dass die Wahrscheinlichkeit dafür, bei einem Wurf auf die Quadratfläche einen Treffer zu erzielen, etwa 0,3 beträgt. (2 BE)

b) Ermitteln Sie die Wahrscheinlichkeit dafür, dass man bei zehn Würfen genau drei Treffer erzielt. (2 BE)

c) Berechnen Sie die Wahrscheinlichkeit dafür, dass bei 100 Würfen die Anzahl der Treffer höchstens um zwei vom erwarteten Wert abweicht. (3 BE)

d) Berechnen Sie die Anzahl der Würfe, die mindestens notwendig sind, damit die Wahrscheinlichkeit, wenigstens einen Treffer zu erzielen, mindestens 95% beträgt. (2 BE)

e) Jemand behauptet, mit diesem Zufallsexperiment die Zahl π näherungsweise bestimmen zu können. Dazu führt er zunächst das Experiment 1000-mal durch. Er zählt dabei 296 Treffer.
Geben Sie einen unter Nutzung dieser Werte bestimmten Näherungswert für π an. (1 BE)

(10 BE)

Lösungen

a) $A_{Quadrat} = 50 \cdot 50 = 2500$

$$A_{Kreis} = \frac{\pi}{4} \cdot 30{,}9^2 = 749{,}91$$

$$\frac{A_{Kreis}}{A_{Quadrat}} = \frac{749{,}91}{2500} = \underline{\underline{0{,}3 = P(\text{Treffer})}}$$

b) X … Anzahl der Treffer (n = 10, p = 0,3)

$$P(X=3) = \binom{10}{3} \cdot 0{,}3^3 \cdot 0{,}7^7$$

$$\underline{\underline{P(X=3) = 0{,}2668}}$$

c) $E(X) = \mu = n \cdot p = 100 \cdot 0{,}3 = 30$

$P(|X-\mu| \leq 2) = P(X=28) + P(X=29) + P(X=30) + P(X=31) + P(X=32)$

$\underline{\underline{P(|X-\mu| \leq 2) = 0{,}4144}}$

Hinweis:
Lösung z. B. mit einem geeigneten GTR-Programm bestimmen.

d)
$$\begin{aligned} P(X \geq 1) = 1 - P(X=0) &\geq 0{,}95 \\ P(X=0) &\leq 0{,}05 \\ \binom{n}{0} \cdot 0{,}3^0 \cdot 0{,}7^n &\leq 0{,}05 \\ 0{,}7^n &\leq 0{,}05 \\ n &\geq \frac{\ln 0{,}05}{\ln 0{,}7} \\ \underline{\underline{n}} &\underline{\underline{\geq 8{,}4}} \end{aligned}$$

Es sind mindestens 9 Würfe notwendig.

e) Lösungsidee:

$$\frac{A_{Kreis}}{A_{Quadrat}} = \frac{296}{1000} = \frac{\frac{\pi}{4} \cdot 30{,}9^2}{50^2}$$

Näherungswert für π: $\underline{\underline{\pi \approx 3{,}10}}$

Grundkurs Mathematik (Sachsen): Abiturprüfung 2003 (Nachtermin)
Wahlaufgabe D 1 – Analysis

Gegeben sind die Funktionen f durch

$$f(x) = 2x^2 \cdot (1{,}5 - \ln(x)) \quad (x \in D_f)$$

und g durch

$$g(x) = 2x \cdot (1 - \ln(x)) \quad (x \in D_g).$$

a) Die Funktionen haben denselben größtmöglichen Definitionsbereich.
Geben Sie diesen an.
Begründen Sie anhand von mindestens zwei Eigenschaften der Graphen der Funktionen f und g, dass die Funktion g die erste Ableitung der Funktion f sein könnte.
Untersuchen Sie, ob die Vermutung zutrifft, dass die Funktion g die erste Ableitung der Funktion f ist. (5 BE)

b) Für jedes a ($a \in \mathbb{R}$, $a > 0$) ist eine Funktion g_a durch

$$g_a(x) = 2x \cdot (a - \ln(x)) \quad (x \in D_{g_a})$$

gegeben.
Zeigen Sie, dass die Funktion g_a genau eine lokale Extremstelle x_{E_a} besitzt.
Es gibt genau einen Wert a, für den gilt:

$$(x_{E_a})^2 = g_a(x_{E_a}).$$

Berechnen Sie diesen Wert a. (5 BE)

(10 BE)

a) Definitionsbereich: $\{x \mid x \in \mathbb{R}, x > 0\}$

Die Funktion g könnte die erste Ableitung der Funktion f sein, da sie die Steigung der Funktion f scheinbar charakterisiert.

(1) Die Extremstelle der Funktion f ist gleichzeitig die Nullstelle der Funktion g, es gilt: $f'(2{,}718) = g(2{,}718) = 0$.

(2) Für $0 < x < 2{,}718$ ist die Funktion f streng monoton wachsend und die Funktionswerte der Funktion g sind in diesem Intervall positiv.
Es gilt: $f'(x) > 0$ und $g(x) > 0$ für $0 < x < 2{,}718$.

Für $x > 2{,}718$ ist die Funktion f streng monoton fallend und die Funktionswerte der Funktion g sind in diesem Intervall negativ.
Es gilt: $f'(x) < 0$ und $g(x) < 0$ für $x > 2{,}718$.

(3) Die Wendestelle x_W der Funktion f ist gleichzeitig die Extremstelle der Funktion g.
Es gilt: $x_{W_f} = x_{E_g} = 1$, also $f''(1) = g'(1) = 0$

Untersuchung der Vermutung:

$$f'(x) = 4x \cdot (1{,}5 - \ln x) + 2x^2 \cdot \left(-\frac{1}{x}\right)$$

$$f'(x) = 2x(3 - 2\ln x - 1)$$

$$\underline{\underline{f'(x) = 4x(1 - \ln x) \neq g(x)}}$$

Damit ist gezeigt, dass die Funktion g nicht die erste Ableitung der Funktion f ist.

b)

$$g_a'(x) = 2 \cdot (a - \ln x) + 2x \cdot \left(-\frac{1}{x}\right)$$

$$g_a'(x) = 2(a - \ln x - 1)$$

$$g_a'(x_{E_a}) = 0 = 2(a - \ln x_{E_a} - 1)$$

$$0 = a - \ln x_{E_a} - 1$$

$$\ln x_{E_a} = a - 1$$

$$\underline{x_{E_a} = e^{a-1}}$$

$$g''(x) = -\frac{2}{x}$$

$$g''(e^{a-1}) = -\frac{2}{e^{a-1}} < 0 \quad \Rightarrow \quad \text{lokales Maximum}$$

Damit ist gezeigt, dass die Funktion genau eine Extremstelle besitzt.

Berechnung von a mit der Bedingung:

$$(x_{E_a})^2 = g_a(x_{E_a})$$

$$(e^{a-1})^2 = 2 \cdot e^{a-1} \cdot (a - \ln(e^{a-1}))$$

$$(e^{a-1})^2 = 2 \cdot e^{a-1} \cdot (a - a + 1)$$

$$(e^{a-1})^2 = 2 \cdot e^{a-1}$$

$$e^{a-1} = 2$$

$$a - 1 = \ln 2$$

$$\underline{\underline{a = \ln 2 + 1}}$$

Grundkurs Mathematik (Sachsen): Abiturprüfung 2003 (Nachtermin)
Wahlaufgabe D 2 – Geometrie / Algebra

In einem kartesischen Koordinatensystem sind die Punkte A(2; 0; 2), B(3; 2; –3), C(–2; 2; 7) und $P_a(a; 2; 1)$ $(a \in \mathbb{R})$ gegeben. Die Punkte A und B liegen auf der Geraden g.

Die Gerade g und der Punkt C bestimmen eine Ebene E.

a) Zeigen Sie, dass kein Punkt P_a auf der Geraden g liegt.
Es existieren Punkte P_a, für die die Punkte A, B und P_a ein gleichschenkliges Dreieck mit der Basis $\overline{P_aB}$ bilden.
Ermitteln Sie die Koordinaten dieser Punkte P_a. (3 BE)

b) Ermitteln Sie alle Werte a, für die der Winkel $\sphericalangle BAP_a$ stumpf ist. (2 BE)

c) Die Punkte A', B', C' entstehen durch senkrechte Projektion der Punkte A, B und C in die x-y-Ebene und liegen auf dem Kreis k. Sie sind außerdem Eckpunkte eines rechtwinkligen Dreiecks.
Der Kreis k begrenzt die Grundfläche eines geraden Kreiskegels, dessen Spitze in der Ebene E liegt.
Bestimmen Sie das Volumen dieses Kreiskegels. (5 BE)

(10 BE)

a) $g: \vec{x} = \begin{pmatrix} 2 \\ 0 \\ 2 \end{pmatrix} + r \begin{pmatrix} 1 \\ 2 \\ -5 \end{pmatrix} \quad (r \in \mathbb{R})$

Untersuchung der Lagebeziehung von P_a und g:

P_a in g:

$$\begin{aligned} a &= 2 + r \\ 2 &= 2r \Rightarrow r_1 = 1 \\ 1 &= 2 - 5r \Rightarrow r_2 = \frac{1}{5} \end{aligned} \Bigg\} \Rightarrow r_1 \neq r_2 \Rightarrow \underline{\underline{P_a \notin g}}$$

Es gibt keinen Punkt P_a, der auf der Geraden g liegt.

Bedingung für gleichschenkliges Dreieck mit der Basis $\overline{P_aB}$:

$$|\overrightarrow{AP_a}| = |\overrightarrow{AB}|$$

Skizze:

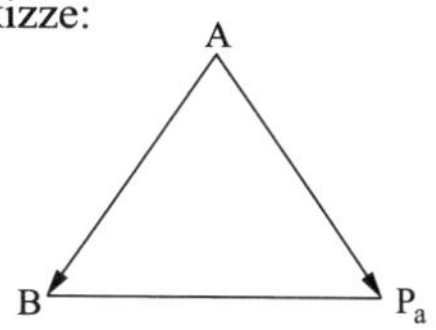

$$\left| \begin{pmatrix} a-2 \\ 2 \\ -1 \end{pmatrix} \right| = \left| \begin{pmatrix} 1 \\ 2 \\ -5 \end{pmatrix} \right|$$

$$\sqrt{(a-2)^2 + 2^2 + (-1)^2} = \sqrt{1^2 + 2^2 + (-5)^2} \qquad |^2$$

$$(a-2)^2 + 5 = 30$$

$$0 = a^2 - 4a - 21$$

$$\left. \begin{aligned} a_1 &= 7 \\ a_2 &= -3 \end{aligned} \right\} \text{ Lösung mittels GTR bestimmt.}$$

Die gesuchten Punkte haben die Koordinaten

$\underline{\underline{P_7(7; 2; 1)}}$ und $\underline{\underline{P_{-3}(-3; 2; 1)}}$.

b) Skizze:

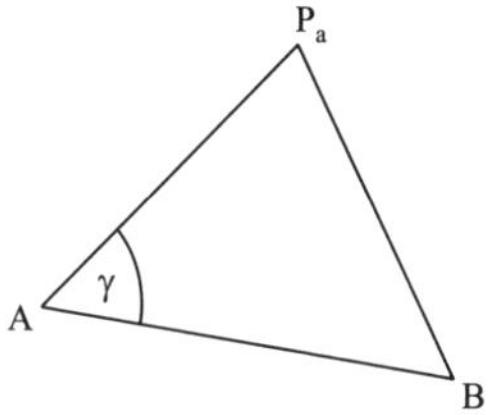

Bedingung für $\gamma = \sphericalangle BAP_a$:

Wenn $\gamma > 90°$ (stumpfer Winkel) ist, dann ist $\cos\gamma < 0$.

$$\cos\gamma = \frac{\overrightarrow{AP_a} \circ \overrightarrow{AB}}{|\overrightarrow{AP_a}| \cdot |\overrightarrow{AB}|}$$

$$\cos\gamma = \frac{a + 7}{|\overrightarrow{AP_a}| \cdot |\overrightarrow{AB}|}$$

Der Bruch ist negativ, wenn der Zähler negativ ist, denn der Nenner ist stets positiv.
Daraus folgt: $a + 7 < 0$, gdw. $a < -7$.

Für $a < -7$ ist der Winkel $\sphericalangle BAP_a$ stumpf.

c) Koordinaten der Punkte: A' (2; 0; 0)
B' (3; 2; 0)
C' (−2; 2; 0)

Da das ΔA'B'C' rechtwinklig ist, ist die längste Seite dieses Dreiecks gleichzeitig der Durchmesser der Grundkreisfläche.

$$\overrightarrow{B'C'} = \begin{pmatrix} -5 \\ 0 \\ 0 \end{pmatrix} \quad |\overrightarrow{B'C'}| = \underline{5 \quad = d}$$

$$\overrightarrow{A'B'} = \begin{pmatrix} 1 \\ 2 \\ 0 \end{pmatrix} \quad |\overrightarrow{A'B'}| = \sqrt{5}$$

$$\overrightarrow{A'C'} = \begin{pmatrix} -4 \\ 2 \\ 0 \end{pmatrix} \quad |\overrightarrow{A'C'}| = \sqrt{20}$$

Zur Bestimmung der Höhe des Kreiskegels erstellt man die Gleichung der Ebene

$$E:\ \vec{x} = \begin{pmatrix} 2 \\ 0 \\ 2 \end{pmatrix} + r \begin{pmatrix} 1 \\ 2 \\ -5 \end{pmatrix} + s \begin{pmatrix} -4 \\ 2 \\ 5 \end{pmatrix} \quad (r, s \in \mathbb{R})$$

und die Gleichung der Geraden ℓ durch den Grundkreismittelpunkt senkrecht zur x-y-Ebene.

$$\ell:\ \vec{x} = \begin{pmatrix} 0{,}5 \\ 2 \\ 0 \end{pmatrix} + t \begin{pmatrix} 0 \\ 0 \\ 1 \end{pmatrix} \quad (t \in \mathbb{R}) \qquad \text{mit } M_{B'C'}(0{,}5;\ 2;\ 0)$$

Mittels eines entsprechenden GTR-Programmes bestimmt man den Schnittpunkt zwischen Ebene E und Gerade l. Die z-Koordinate des Schnittpunktes ist die Höhe h des Kreiskegels. Es ergibt sich h = 2.
Volumen des Kreiskegels:

$$V = \frac{1}{3}\pi r^2 \cdot h$$

$$V = \frac{1}{3}\pi \cdot 2{,}5^2 \cdot 2$$

$$\underline{\underline{V = 13{,}1}}$$

Das Volumen des Kreiskegels beträgt 13,1 VE.

Grundkurs Mathematik (Sachsen): Abiturprüfung 2004
Pflichtaufgabe A – Analysis

Gegeben ist die Funktion f durch

$$y = f(x) = \frac{x^2 - 9}{x^2 - \frac{9}{4}} \quad (x \in D_f).$$

a) Geben Sie den größtmöglichen Definitionsbereich der Funktion f, ihre Nullstellen und die Polstellen an.
Untersuchen Sie den Graphen der Funktion f auf Symmetrie.
Begründen Sie mithilfe der ersten Ableitung der Funktion f, dass der Graph der Funktion f höchstens einen lokalen Extrempunkt besitzt.
Geben Sie die Koordinaten des Extrempunktes und dessen Art an. (10 BE)

b) Untersuchen Sie den Graphen der Funktion f auf zur x-Achse parallele Asymptoten.
Geben Sie den Wertebereich der Funktion f an. (3 BE)

c) Die beiden Tangenten an den Graphen der Funktion f in den Punkten $S_1(0; f(0))$ und $S_2(3; f(3))$ sowie die y-Achse begrenzen eine Dreiecksfläche vollständig.
Weisen Sie nach, dass das Dreieck nicht gleichschenklig ist. (4 BE)

d) Der Graph der Funktion f, die Gerade mit der Gleichung $y = 5$ und die y-Achse begrenzen im ersten Quadranten eine Fläche vollständig.
Ermitteln Sie einen Näherungswert für den Inhalt dieser Fläche. (3 BE)

e) Die Funktion f wird im Intervall $0 \le x < \frac{3}{2}$ $(x \in \mathbb{R})$ durch eine quadratische Funktion p_a der Form $y = p_a(x) = ax^2 + 4$ $(x \in D_{p_a};\ a \in \mathbb{R},\ a > 0)$ ersetzt.
Weisen Sie nach, dass $R_a\left(\frac{1}{\sqrt{a}}; 5\right)$ ein Schnittpunkt des Graphen der Funktion p_a mit der Geraden $y = 5$ ist.
Betrachtet wird nun die Fläche, die vom Graphen der Funktion p_a, der Geraden $y = 5$ und der y-Achse im ersten Quadranten vollständig begrenzt wird.
Ermitteln Sie den Wert a, für den der Inhalt dieser Fläche 0,5 beträgt. (5 BE)

(25 BE)

Lösungen

a) Definitionsbereich: $\left\{x \mid x \in \mathbb{R}, x \neq \pm\frac{3}{2}\right\}$

Nullstellen: $\underline{\underline{x_{N_1} = 3}}$ $\underline{\underline{x_{N_2} = -3}}$

Polstellen: $\underline{\underline{x_{P_1} = \frac{3}{2}}}$ $\underline{\underline{x_{P_2} = -\frac{3}{2}}}$

Symmetrie:
Die Funktion f ist
(1) achsensymmetrisch, wenn f(–x) = f(x) bzw.
(2) punktsymmetrisch, wenn f(–x) = –f(x) gilt.

$$f(-x) = \frac{(-x)^2 - 9}{(-x)^2 - \frac{9}{4}} = \frac{x^2 - 9}{x^2 - \frac{9}{4}} = f(x)$$

Damit ist gezeigt, dass die Funktion f achsensymmetrisch zur y-Achse ist.

Extrempunkte:

$$f'(x) = \frac{2x \cdot \left(x^2 - \frac{9}{4}\right) - (x^2 - 9) \cdot 2x}{\left(x^2 - \frac{9}{4}\right)^2}$$

$$f'(x) = \frac{13{,}5x}{\left(x^2 - \frac{9}{4}\right)^2}$$

Da die 1. Ableitung der Funktion f nur eine Nullstelle besitzt, kann der Graph dieser Funktion höchstens einen Extrempunkt besitzen.
Es ist der Punkt $\underline{\underline{E_{Min}(0; 4)}}$.

Laut Aufgabenstellung sind die Koordinaten des Extrempunktes und seine Art nur anzugeben.

Ohne GTR wäre dieser Aufgabenteil wie folgt zu lösen:

$$f''(x) = \frac{13{,}5 \cdot \left(x^2 - \frac{9}{4}\right)^{\not{2}1} - 13{,}5x \cdot 2\cancel{\left(x^2 - \frac{9}{4}\right)^1} \cdot 2x}{\left(x^2 - \frac{9}{4}\right)^{\not{4}3}}$$

$$f''(x) = \frac{-40{,}5x^2 - 30{,}375}{\left(x^2 - \frac{9}{4}\right)^3}$$

$$f'(x_E) = 0 = 13{,}5x_E$$

$$x_E = 0 \qquad y_E = f(x_E) = 4 \qquad E(0; 4)$$

$$f''(x_E) = \frac{-30{,}375}{\left(-\frac{9}{4}\right)^3} = \frac{8}{3} > 0 \Rightarrow \text{lokales Minimum}$$

b) $\lim\limits_{x \to \pm\infty} \dfrac{x^2 - 9}{x^2 - \frac{9}{4}} = \lim\limits_{x \to \pm\infty} \dfrac{x^2\left(1 - \frac{9}{x^2}\right)}{x^2\left(1 - \frac{9}{4x^2}\right)} = 1 = y_A$

Die zur x-Achse parallele Asymptote hat die Gleichung $y_A = 1$.
Wertebereich: $y \in \mathbb{R} \setminus \{y \mid 1 \leq y < 4\}$

c) Skizze:

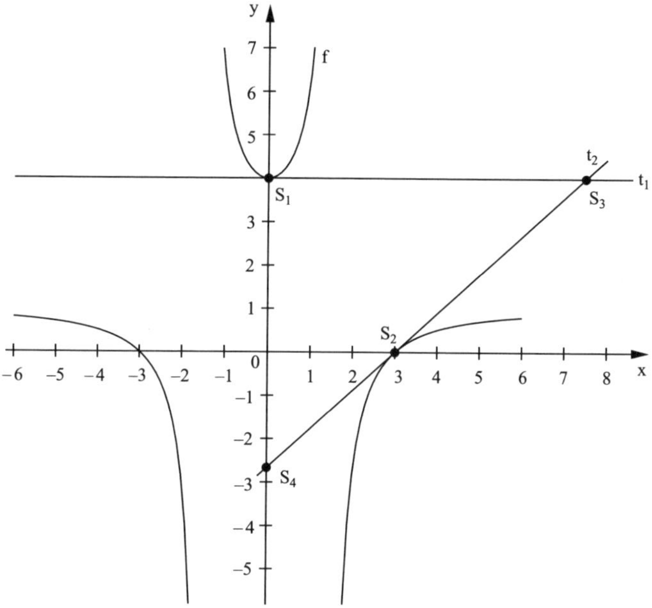

Tangentengleichungen:

t_1: $\underline{\underline{y = 4}}$

t_2: $m_{t_2} = f'(3) = \dfrac{8}{9}$ $S_2(3; 0)$

mit $y = m_{t_2} \cdot x + n$

folgt $0 = \dfrac{8}{9} \cdot 3 + n$

$n = -\dfrac{8}{3}$

t_2: $\underline{\underline{y = \dfrac{8}{9}x - \dfrac{8}{3}}}$

Das Dreieck $S_1S_4S_3$ ist rechtwinklig. Wäre es gleichschenklig, dann müssten die beiden anderen Innenwinkel 45° groß sein, also müsste der Anstieg der Tangente t_2 1 sein. Es gilt aber $m_{t_2} = f'(3) = \frac{8}{9}$. Damit ist nachgewiesen, dass das Dreieck nicht gleichschenklig ist.

Eine weitere Nachweismöglichkeit ist folgende:

Tangentenschnittpunkt S_3: $4 = \frac{8}{9}x_{S_3} - \frac{8}{3}$

$x_{S_3} = 7{,}5$

$S_3(7{,}5;\ 4)$

Das Dreieck wäre gleichschenklig, wenn gelten würde $|\overline{S_1S_3}| = |\overline{S_1S_4}|$ (siehe Skizze).

$|\overline{S_1S_3}| = x_{S_3} = 7{,}5$

$|\overline{S_1S_4}| = y_{S_1} + |n_{t_2}|$

$= 4 + \frac{8}{3}$

$= 6\frac{2}{3}$

$\Rightarrow\ |\overline{S_1S_3}| \neq |\overline{S_1S_4}|$

$7{,}5 \neq 6\frac{2}{3}$

$\Rightarrow$ Das Dreieck ist nicht gleichschenklig.

d) Flächeninhalt:

$$A = \int_0^{x_S} (5 - f(x))\,dx$$

Schnittstelle:

$x_S = 0{,}75$
(mittels GTR bestimmt)

$$A = \int_0^{0{,}75} (5 - f(x))\,dx \approx \underline{\underline{0{,}53}}$$

(mittels GTR bestimmt)

Skizze:

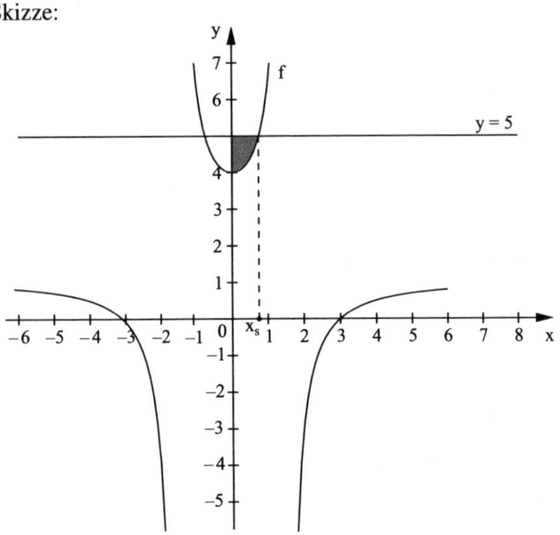

Der Inhalt der Fläche beträgt ca. 0,53 FE.

e) $y = p_a(x) = ax^2 + 4$

Nachweis für Schnittpunkt $R_a\left(\frac{1}{\sqrt{a}}; 5\right)$ des Graphen der Funktion p_a mit der Geraden $y = 5$:

$$5 = ax^2 + 4$$
$$ax^2 = 1$$
$$x^2 = \frac{1}{a}$$
$$\underline{\underline{x_1 = \frac{1}{\sqrt{a}}}}$$
$$x_2 = -\frac{1}{\sqrt{a}} \text{ entfällt, da } 0 \le x < \frac{3}{2}$$

Damit ist der Schnittpunkt nachgewiesen.

Ein weiterer möglicher Nachweis:

$$p_a\left(\frac{1}{\sqrt{a}}\right) = a \cdot \frac{1}{a} + 4$$
$$\underline{\underline{p_a\left(\frac{1}{\sqrt{a}}\right) = 5}}$$

Flächeninhalt:

$$A = \int_0^{\frac{1}{\sqrt{a}}} (5 - p_a(x))\,dx = \int_0^{\frac{1}{\sqrt{a}}} (5 - ax^2 - 4)\,dx$$
$$A = \left[x - \frac{a}{3}x^3\right]_0^{\frac{1}{\sqrt{a}}}$$
$$A = \frac{1}{\sqrt{a}} - \frac{1}{3}\frac{1}{\sqrt{a}}$$
$$A = \frac{2}{3}\frac{1}{\sqrt{a}} = \frac{1}{2}$$
$$\sqrt{a} = \frac{4}{3}$$
$$\underline{\underline{a = \frac{16}{9}}}$$

Für $a = \frac{16}{9}$ beträgt der Inhalt der Fläche 0,5.

Grundkurs Mathematik (Sachsen): Abiturprüfung 2004
Pflichtaufgabe B – Geometrie/Algebra

In einem kartesischen Koordinatensystem sind die Punkte

$$A(2;\ 12;\ -2),\ B(4;\ 6;\ 1),\ C(10;\ 3;\ 3) \text{ und } M\left(6;\ \frac{15}{2};\ \frac{1}{2}\right)$$

gegeben.

a) Weisen Sie nach, dass das Dreieck ABC gleichschenklig und stumpfwinklig ist. Stellen Sie das Dreieck ABC in einem kartesischen Koordinatensystem dar. Begründen Sie, dass es mehr als einen Punkt P gibt, so dass die Punkte A, B, C und P (nicht notwendigerweise in dieser Reihenfolge) Eckpunkte eines Parallelogramms sind. (6 BE)

b) Es gibt genau einen Punkt P, so dass das Viereck ABCP ein Rhombus ist. Ermitteln Sie die Koordinaten dieses Punktes P. Berechnen Sie den Flächeninhalt dieses Rhombus. (4 BE)

c) Zeigen Sie, dass die Punkte A, B, C und M in ein und derselben Ebene liegen. (2 BE)

d) Für jedes a ($a \in \mathbb{R}$) ist eine Gerade g_a durch

$$\vec{x} = \begin{pmatrix} 1 \\ 1 \\ 2 \end{pmatrix} + t \cdot \begin{pmatrix} 2a \\ 13 \\ -3 \end{pmatrix} \quad (t \in \mathbb{R}) \text{ gegeben.}$$

Geben Sie den Wert a an, für den der Punkt M auf der Geraden g_a liegt.
Es gibt genau eine Gerade g_a, die senkrecht zur Geraden g_5 verläuft.
Berechnen Sie den Wert a. (3 BE)

(15 BE)

Lösungen

a) Das Dreieck ABC ist gleichschenklig, wenn wenigstens zwei Seiten gleich lang sind.

$$\overrightarrow{AB} = \begin{pmatrix} 2 \\ -6 \\ 3 \end{pmatrix} \quad |\overrightarrow{AB}| = \sqrt{2^2 + (-6)^2 + 3^2} = \sqrt{49} = 7$$

$$\overrightarrow{BC} = \begin{pmatrix} 6 \\ -3 \\ 2 \end{pmatrix} \quad |\overrightarrow{BC}| = \sqrt{6^2 + (-3)^2 + 2^2} = \sqrt{49} = 7$$

$$\overrightarrow{AC} = \begin{pmatrix} 8 \\ -9 \\ 5 \end{pmatrix} \quad |\overrightarrow{AC}| = \sqrt{8^2 + (-9)^2 + 5^2} = \sqrt{170}$$

Es gilt: $|\overrightarrow{AB}| = |\overrightarrow{BC}|$, also ist das Dreieck ABC gleichschenklig. Die Seite $\overline{AC}$ ist die Basis. Da der größten Seite immer der größte Winkel gegenüberliegt, kann nur der Winkel $\sphericalangle\, CBA = \beta$ der stumpfe Winkel sein.

Skizze:

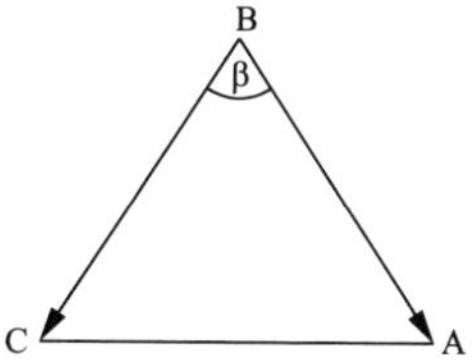

$$\cos\beta = \frac{\overrightarrow{BC} \circ \overrightarrow{BA}}{|\overrightarrow{BC}| \cdot |\overrightarrow{BA}|} \quad \text{mit } \overrightarrow{BC} = \begin{pmatrix} 6 \\ -3 \\ 2 \end{pmatrix} \text{ und } \overrightarrow{BA} = \begin{pmatrix} -2 \\ 6 \\ -3 \end{pmatrix}$$

$$\cos\beta = \frac{-36}{7 \cdot 7}$$

$$\cos\beta = -0{,}735$$

$$\underline{\underline{\beta = 137{,}3°}}$$

Damit ist gezeigt, dass das Dreieck ABC stumpfwinklig ist.
Für den Nachweis wäre es auch ausreichend gewesen zu zeigen, dass $\cos\beta < 0$ ist, denn unter dieser Bedingung gilt $\beta > 90°$.

Darstellung des Dreiecks:

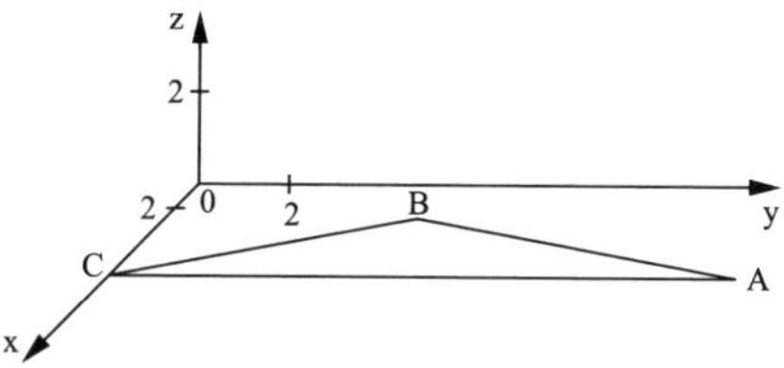

Es gibt mehr als eine Möglichkeit, um das Dreieck ABC zu einem Parallelogramm zu ergänzen, z. B.

1. Möglichkeit: Antragen des Vektors $\overrightarrow{BA}$ an C ergibt P_1.
(Parallelogramm hat Seitenlängen 7)

2. Möglichkeit: Antragen des Vektors $\overrightarrow{CA}$ an B ergibt P_2.
(Parallelogramm hat Seitenlängen 7 und $\sqrt{170}$)

b) Ein Rhombus ist ein Parallelogramm mit vier gleichlangen Seiten.

Für die Koordinaten des Punktes P gilt:

$$\overrightarrow{OP} = \overrightarrow{OC} + \overrightarrow{BA} = \overrightarrow{OA} + \overrightarrow{BC}$$

$$= \underbrace{\begin{pmatrix} 10 \\ 3 \\ 3 \end{pmatrix} + \begin{pmatrix} -2 \\ 6 \\ -3 \end{pmatrix}} = \underbrace{\begin{pmatrix} 2 \\ 12 \\ -2 \end{pmatrix} + \begin{pmatrix} 6 \\ -3 \\ 2 \end{pmatrix}}$$

$$= \begin{pmatrix} 8 \\ 9 \\ 0 \end{pmatrix} = \begin{pmatrix} 8 \\ 9 \\ 0 \end{pmatrix}$$

$$\Rightarrow \underline{\underline{P(8;9;0)}}$$

Flächeninhalt:

$$A = \frac{1}{2}|\overrightarrow{AC}| \cdot |\overrightarrow{BP}| \quad \text{mit } \overrightarrow{BP} = \begin{pmatrix} 4 \\ 3 \\ -1 \end{pmatrix}$$

$$A = \frac{1}{2}\sqrt{170} \cdot \sqrt{26}$$

$$\underline{\underline{A = \sqrt{1105} \approx 33{,}2}}$$

bzw.

$$A = |\overrightarrow{AB}|^2 \cdot \sin \beta$$

$$A = (\sqrt{49})^2 \cdot \sin 137{,}3°$$

$$\underline{\underline{A \approx 33{,}2}}$$

Der Flächeninhalt dieses Rhombus beträgt 33,2 FE.

c) E_{ABC}: $\vec{x} = \begin{pmatrix} 2 \\ 12 \\ -2 \end{pmatrix} + r\begin{pmatrix} 2 \\ -6 \\ 3 \end{pmatrix} + s\begin{pmatrix} 8 \\ -9 \\ 5 \end{pmatrix}$ $(r, s \in \mathbb{R})$

M in E_{ABC}:

$$\left.\begin{array}{ll} \text{(I)} & 6 = 2 + 2r + 8s \\ \text{(II)} & \frac{15}{2} = 12 - 6r - 9s \end{array}\right\} \text{mittels GTR oder durch Lösen des Gleichungssystems: } r = 0 \text{ und } s = \frac{1}{2}$$

$$\text{(III)} \quad \frac{1}{2} = -2 + 3r + 5s$$

r, s in (III)

$$\frac{1}{2} = -2 + 0 + \frac{5}{2}$$

$$\frac{1}{2} = \frac{1}{2} \quad \text{w. A.} \quad \Rightarrow \quad \text{M in } E_{ABC}$$

Damit ist gezeigt, dass A, B, C und M in ein und derselben Ebene liegen.

d) $M \in g_a$: $6 = 1 + 2a \cdot t$ mit $t = \frac{1}{2}$ $\Rightarrow$ $\underline{\underline{a = 5}}$

$$\left.\begin{array}{l} \frac{15}{2} = 1 + 13t \\ \frac{1}{2} = 2 - 3t \end{array}\right\} t = \frac{1}{2}$$

Für a = 5 liegt der Punkt M auf der Geraden g_a.

$g_a \perp g_5$, d. h. $\begin{pmatrix} 2a \\ 13 \\ -3 \end{pmatrix} \circ \begin{pmatrix} 10 \\ 13 \\ -3 \end{pmatrix} = 0$

$$20a + 178 = 0$$

$$\underline{\underline{a = -8{,}9}}$$

Für a = –8,9 verlaufen die Geraden g_a und g_5 senkrecht zueinander.

Grundkurs Mathematik (Sachsen): Abiturprüfung 2004
Pflichtaufgabe C – Stochastik

Bei einer „Siebener -Wette“ tippt man den Ausgang von sieben aufeinanderfolgenden Zufallsexperimenten.
Jedes dieser Zufallsexperimente hat genau die drei verschiedenen Ergebnisse 0, 1 und 2, die alle gleichwahrscheinlich sind. Beim Tippen wird auf einem Schein (siehe nebenstehendes Beispiel) für jedes Zufallsexperiment genau eine der Zahlen angekreuzt.

1. Zufallsexperiment	X	0	2
2. Zufallsexperiment	1	X	2
3. Zufallsexperiment	1	X	2
4. Zufallsexperiment	1	0	X
5. Zufallsexperiment	1	X	2
6. Zufallsexperiment	X	0	2
7. Zufallsexperiment	1	0	X

a) Geben Sie die Anzahl aller Möglichkeiten zum Ausfüllen des Tippscheins an.
Geben Sie die Wahrscheinlichkeit dafür an, dass auf einem Schein alle Ergebnisse richtig getippt wurden. (2 BE)

b) Berechnen Sie die Wahrscheinlichkeit folgender Ereignisse:
Ereignis A: Genau zwei Ergebnisse sind richtig angekreuzt.
Ereignis B: Höchstens vier Ergebnisse sind falsch angekreuzt. (3 BE)

c) Für die „Siebener-Wette“ wird folgender Auszahlungsplan vorgeschlagen:
Der Einsatz pro Tippschein beträgt 1 €.
Für weniger als 5 Richtige erfolgt keine Auszahlung.
Für 5 Richtige werden 2 € ausgezahlt.
Für 6 Richtige werden 10 € ausgezahlt.
Für 7 Richtige werden 1000 € ausgezahlt.
Berechnen Sie, welchen Gewinn der Veranstalter der „Siebener-Wette“ bei 1000 gespielten Tippscheinen erwarten kann. (3 BE)

d) Ein anderer Veranstalter bietet eine „Dreier-Wette“ an.
Dies erfolgt in gleicher Art wie die „Siebener-Wette“, beinhaltet jedoch nur drei Zufallsexperimente.
Entwickeln Sie einen Auszahlungsplan der „Dreier-Wette“, so dass diese bei einem Einsatz von 1 € als fair betrachtet werden kann. (2 BE)

(10 BE)

Lösungen

a) Anzahl der Möglichkeiten $3^7 = \underline{\underline{2187}}$

P(alle Ergebnisse richtig) = $\underline{\underline{\frac{1}{2187} \approx 0{,}0005}}$

b) X … Anzahl der richtig angekreuzten Ergebnisse $\left(n = 7, p = \frac{1}{3}\right)$

$P(X = 2) = \binom{7}{2} \cdot \left(\frac{1}{3}\right)^2 \cdot \left(\frac{2}{3}\right)^5 \approx \underline{\underline{0{,}3073}}$

$P(X \geq 3) = P(X = 3) + P(X = 4) + P(X = 5) + P(X = 6) + P(X = 7)$

$\underline{\underline{P(X \geq 3) \approx 0{,}4294}}$

c) X … Gewinn des Veranstalters pro Spiel

$X = x_i$	+1 €	–1 €	–9 €	–999 €
$P(X = x_i)$	$\sum_{k=0}^{4} \binom{7}{k}\left(\frac{1}{3}\right)^k\left(\frac{2}{3}\right)^{7-k}$ $= 0{,}9547$	$\binom{7}{5} \cdot \left(\frac{1}{3}\right)^5 \cdot \left(\frac{2}{3}\right)^2$ $= 0{,}0384$	$\binom{7}{6} \cdot \left(\frac{1}{3}\right)^6 \cdot \left(\frac{2}{3}\right)^1$ $= 0{,}0064$	$\left(\frac{1}{3}\right)^7 = \frac{1}{2187}$ $\approx 0{,}0005$

$E(X) = 0{,}9547 \cdot 1\text{ €} - 0{,}0384 \cdot 1\text{ €} - 0{,}0064 \cdot 9\text{ €} - 0{,}0005 \cdot 999\text{ €}$

$E(X) = 0{,}3592\text{ €} \Rightarrow 1000 \cdot E(X) = 359{,}20\text{ €}$

$\underline{\underline{\approx 360{,}00\text{ €}}}$

Der Veranstalter kann bei 1000 gespielten Tippscheinen mit einem Gewinn von ca. 360 € rechnen.

c) Z … Anzahl der Richtigen

$Z = z_i$	0	1	2	3
$P(Z = z_i)$	$\binom{3}{0}\left(\frac{1}{3}\right)^0 \cdot \left(\frac{2}{3}\right)^3$ $= \frac{8}{27}$	$\binom{3}{1}\left(\frac{1}{3}\right)^1 \cdot \left(\frac{2}{3}\right)^2$ $= \frac{4}{9}$	$\binom{3}{2}\left(\frac{1}{3}\right)^2 \cdot \left(\frac{2}{3}\right)^1$ $= \frac{6}{27}$	$\binom{3}{3}\left(\frac{1}{3}\right)^3 \cdot \left(\frac{2}{3}\right)^0$ $= \frac{1}{27}$

Spiel fair, d. h. E(Gewinn) = 0

Beispiel für vollständigen Auszahlungsplan:

$Z = z_i$	0	1	2	3
Auszahlungsbetrag	0 €	1 €	1 €	9 €

Dann würde bei einem Einsatz von 1 € gelten:

$E(\text{Gewinn}) = 1\text{ €} \cdot \frac{8}{27} + 0\text{ €} \cdot \frac{4}{9} + 0\text{ €} \cdot \frac{6}{27} - 8\text{ €} \cdot \frac{1}{27} = 0$

Grundkurs Mathematik (Sachsen): Abiturprüfung 2004
Wahlaufgabe D 1 – Analysis

Eine Stadtverwaltung plant die Gestaltung einer Parkanlage, wobei zwei vorhandene Straßen und ein Flusslauf einbezogen werden sollen.
In einem kartesischen Koordinatensystem verläuft die Straße 1 im betrachteten Abschnitt auf der Geraden mit der Gleichung y = 0, die Straße 2 auf der Geraden mit der Gleichung x = 0.

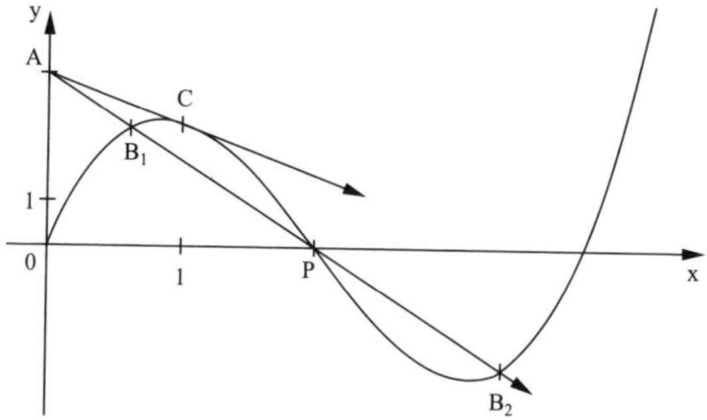

Die Straßen- und Flussbreite wird in der Planungsskizze vernachlässigt. Die Längeneinheit beträgt 100 Meter.
Der Flusslauf kann im Bereich $0 \leq x \leq 4$ $(x \in \mathbb{R})$ näherungsweise durch den Graphen der Funktion f mit der Gleichung

$$y = f(x) = x^3 - 6x^2 + 8x$$

beschrieben werden.

a) Die Straße 1 und der Flusslauf schließen genau zwei Teilflächen ein.
Zeigen Sie, dass beide Teilflächen den gleichen Flächeninhalt haben und geben Sie diesen Flächeninhalt in Hektar an. (4 BE)

b) Im Punkt A(0; 4) der Straße 2 befindet sich eine Bushaltestelle. Von dieser Haltestelle aus sollen zwei geradlinig verlaufende Wege (Rad- und Fußweg) angelegt werden.
Der Radweg kreuzt den Flusslauf in den Punkten B_1, P(2; 0) und B_2.
Ermitteln Sie die Länge des Radweges zwischen den Punkten B_1 und B_2 in Metern.
Der Fußweg tangiert den Flusslauf im Bereich $0 < x < 2$. Am Berührungspunkt C ist eine Bootsanlegestelle geplant.
Ermitteln Sie die Koordinaten des Punktes C. (6 BE)

(10 BE)

Lösungen

a) $A_1 = \int\limits_0^{x_{N_2}} f(x)\,dx$

$$A_2 = \left| \int\limits_{x_{N_2}}^{x_{N_3}} f(x)\,dx \right|$$

Nullstellen:

$$f(x_N) = 0 = x_N(x_N^2 - 6x_N + 8)$$

$$\underline{x_{N_1} = 0} \qquad 0 = x_N^2 - 6x_N + 8$$

$$x_{N_{2,3}} = 3 \pm \sqrt{9-8}$$

$$\underline{x_{N_2} = 3 - 1 = \underline{2}}$$

$$\underline{x_{N_3} = 3 + 1 = \underline{4}}$$

$$\left.\begin{array}{l} A_1 = \int\limits_0^2 (x^3 - 6x^2 + 8x)\,dx = 4 \\ A_2 = \left| \int\limits_2^4 (x^3 - 6x^2 + 8x)\,dx \right| = 4 \end{array}\right\} \Rightarrow \underline{\underline{A_1 = A_2 = 4 \text{ ha}}}$$

Hinweis:
Die Lösungen können alle mittels GTR ermittelt werden (auch die Nullstellen).
Man kann die Flächeninhalte aber auch unter Nutzung der Stammfunktion

$F(x) = \frac{x^4}{4} - 2x^3 + 4x^2$ berechnen.

b) Geradengleichung des Radweges: $y = mx + n$

mit P(2; 0) und mit $m = \frac{y_P - y_A}{x_P - x_A} = -2$

folgt $0 = -2 \cdot 2 + n$
$n = 4$

also $y = -2x + 4$

Schnittpunkte:

$$f(x_B) = x_B^3 - 6x_B^2 + 8x_B = -2x_B + 4$$

$$0 = x_B^3 - 6x_B^2 + 10x_B - 4$$

$x_{B_1} = 0{,}59 \quad y_{B_1} = f(x_{B_1}) = 2{,}84 \quad \underline{B_1(0{,}59;\ 2{,}84)}$

$x_{B_2} = 3{,}41 \quad y_{B_2} = f(x_{B_2}) = -2{,}84 \quad \underline{B_2(3{,}41;\ -2{,}84)}$

$x_P = 2$

Länge des Radweges:

$$|\overline{B_1B_2}| = \sqrt{(3{,}41 - 0{,}59)^2 + (-2{,}84 - 2{,}84)^2}$$

$$|\overline{B_1B_2}| = 6{,}34 \mathrel{\hat{=}} \underline{\underline{634\text{ m}}}$$

Der Radweg ist 634 m lang.

Hinweis: Durch das Runden der Koordinaten sind geringe Abweichungen möglich.

$f'(x) = 3x^2 - 12x + 8$

(I) $\quad m_t = f'(x_C) = \dfrac{y_C - y_A}{x_C - x_A}$

$$3x_C^2 - 12x_C + 8 = \frac{y_C - 4}{x_C - 0} = \frac{y_C - 4}{x_C}$$

(II) $\quad C \in f(x)$, d.h. $y_C = f(x_C) = x_C^3 - 6x_C^2 + 8x_C$

(I) $\quad 3x_C^3 - 12x_C^2 + 8x_C = y_C - 4$

mit (II) $\quad 3x_C^3 - 12x_C^2 + 8x_C = x_C^3 - 6x_C^2 + 8x_C - 4$

$$2x_C^3 - 6x_C^2 + 4 = 0 \quad \text{(Lösung mittels GTR)}$$

$$x_{C_1} = 1 \quad y_{C_1} = f(1) = 3 \quad \underline{\underline{C(1;\,3)}}$$

$$\left.\begin{array}{l} x_{C_2} = 2{,}73 \\ x_{C_3} = -0{,}73 \end{array}\right\} \text{entfallen, da } 0 < x_C < 2$$

Im Punkt C(1; 3) ist die Bootsanlegestelle geplant.

Parasailing ist eine Freizeitaktivität, bei der Personen von einem Motorboot aus mithilfe eines Fallschirms durch den Fahrtwind in die Luft bewegt werden.
Bei einer solchen Aktivität passiert ein Boot mit einer konstanten Geschwindigkeit von 60 Kilometern pro Stunde einen Punkt A und fährt mit dieser Geschwindigkeit geradlinig in Richtung eines Punktes B. Der Sportler am Fallschirm ist durch ein 200 Meter langes, geradlinig verlaufendes Seil mit dem Boot verbunden. Die Punkte A und B haben in einem kartesischen Koordinatensystem die Koordinaten A(0; 0; 0) und B(6,6; 8,8; 0). Eine Längeneinheit entspricht einem Kilometer, die z-Koordinate beschreibt die Höhe über der Wasseroberfläche.

a) Berechnen Sie, wie viele Minuten das Boot von Punkt A bis zum Punkt B benötigen würde. (2 BE)

b) Berechnen Sie die Koordinaten des Punktes, in dem sich das Boot zwei Minuten nach Passieren des Punktes A befindet.
Berechnen Sie die Höhe des Sportlers über der Wasseroberfläche, wenn das Seil mit der Wasseroberfläche einen Winkel von 30° bildet. (Die Bootshöhe kann vernachlässigt werden.) (4 BE)

c) Im Punkt C(2,4; 3,2; 0) schwenkt das Boot (bei gleich bleibender Geschwindigkeit) von der Fahrtlinie AB ab und begibt sich auf eine Kreisbahn mit einem Radius von 500 Metern, wobei die Gerade durch die Punkte A und B eine Tangente an dem Kreis ist, auf dem sich die Kreisbahn befindet. Von dieser Kreisbahn aus fährt das Boot auf einer wiederum den Kreis tangierenden geraden Fahrtlinie direkt zum Punkt A zurück (siehe Skizze).

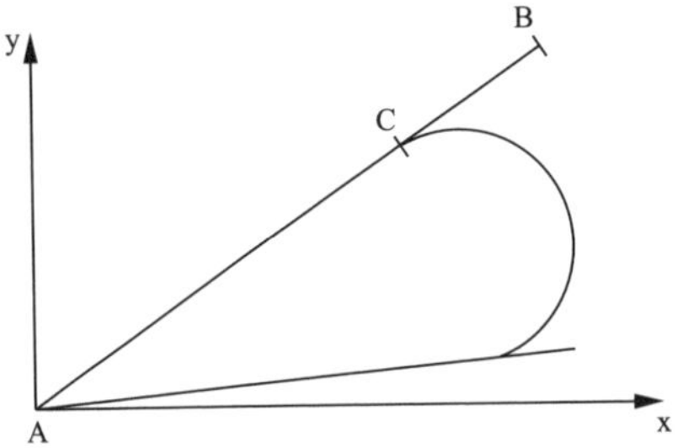

(Skizze nicht maßstäblich)

Berechnen Sie die Länge des Weges, den das Boot vom Punkt C bis zum Punkt A zurücklegt. (4 BE)

(10 BE)

Lösungen

a) Für eine geradlinig gleichförmige Bewegung gilt:

$$v = \frac{s}{t} \quad \Rightarrow \quad t = \frac{s}{v} \quad \text{mit } s = |\overrightarrow{AB}| = 11 \mathrel{\hat{=}} 11\,\text{km}, \quad \text{da } \overrightarrow{AB} = \begin{pmatrix} 6{,}6 \\ 8{,}8 \\ 0 \end{pmatrix}$$

$$t = \frac{11\,\text{km}}{60\,\frac{\text{km}}{\text{h}}}$$

$$\underline{\underline{t = 0{,}183\,\text{h} = 11\,\text{min}}}$$

Das Boot benötigt 11 Minuten von A nach B.

b) $g_{AB}\colon\ \vec{x} = \begin{pmatrix} 0 \\ 0 \\ 0 \end{pmatrix} + r \begin{pmatrix} 6{,}6 \\ 8{,}8 \\ 0 \end{pmatrix} \quad (r \in \mathbb{R})$

für 11 min ist $r = 1$

für 2 min ist $r = \frac{2}{11}$

$$\Rightarrow \overrightarrow{OP} = \begin{pmatrix} 1{,}2 \\ 1{,}6 \\ 0 \end{pmatrix} \quad \Rightarrow \quad \underline{\underline{P(1{,}2;\, 1{,}6;\, 0)}}$$

Höhe des Sportlers über dem See:

$$\sin 30° = \frac{h}{\ell}$$

$$h = \ell \cdot \sin 30°$$

$$h = 200\,\text{m} \cdot \sin 30°$$

$$\underline{\underline{h = 100\,\text{m}}}$$

Skizze:

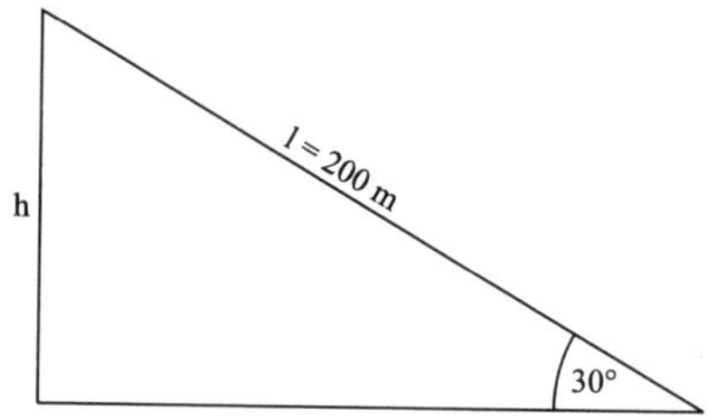

Der Sportler befindet sich 100 m über der Wasseroberfläche.

c) Skizze:

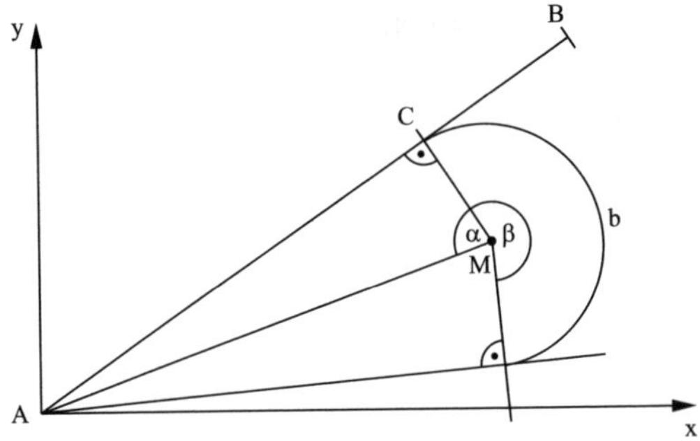

$$\overrightarrow{AC} = \begin{pmatrix} 2,4 \\ 3,2 \\ 0 \end{pmatrix} \qquad |\overrightarrow{AC}| = \sqrt{2,4^2 + 3,2^2} = \underline{4}$$ (Länge der geradlinigen Strecke)

$$\tan\alpha = \frac{|\overrightarrow{AC}|}{r} \qquad \text{mit } r = |\overrightarrow{MC}| = 0,5$$

$$\tan\alpha = \frac{4}{0,5}$$

$$\underline{\alpha = 82,87°}$$

$$\beta = 360° - 2\alpha$$

$$\underline{\beta = 194,25°}$$

$$\frac{b}{\beta} = \frac{2\pi r}{360°}$$

$\underline{b = 1,7}$ (Länge der Kreisbahn)

Gesamtlänge ℓ des Weges:

$$\ell = b + |\overrightarrow{AC}|$$

$$\underline{\underline{\ell = 5,7 \mathrel{\hat{=}} 5,7 \text{ km}}}$$

Das Boot legt von C nach A einen Weg von 5,7 km zurück.

Ihre Meinung ist uns wichtig !

Ihre Anregungen sind uns immer willkommen. Bitte informieren Sie uns mit diesem Schein über Ihre Verbesserungsvorschläge!

Titel-Nr.	Seite	Vorschlag

Bitte hier abtrennen

Die echten Hilfen zum Lernen ... **STARK**

Zutreffendes bitte ankreuzen!

Die Absenderin/der Absender ist:

- ☐ Lehrer/in in den Klassenstufen: ______
- ☐ Fachbetreuer/in
  Fächer: ______
- ☐ Seminarlehrer/in
  Fächer: ______
- ☐ Regierungsfachberater/in
  Fächer: ______
- ☐ Oberstufenbetreuer/in
- ☐ Schulleiter/in
- ☐ Referendar/in, Termin 2. Staatsexamen: ______
- ☐ Leiter/in Lehrerbibliothek
- ☐ Leiter/in Schülerbibliothek
- ☐ Sekretariat
- ☐ Eltern
- ☐ Schüler/in, Klasse: ______
- ☐ Sonstiges: ______

Unterrichtsfächer: **(Bei Lehrkräften!)**

______

STARK Verlag
Postfach 1852
85318 Freising

14-VMN

Bitte ausfüllen und im frankierten Umschlag
an uns einsenden. Für Fensterkuverts geeignet.

Kennen Sie Ihre Kundennummer?
Bitte hier eintragen.

Absender **(Bitte in Druckbuchstaben!)**

Name/Vorname

Straße/Nr.

PLZ/Ort

Telefon privat | **Geburtsjahr**

E-Mail-Adresse

Schule/Schulstempel **(Bitte immer angeben!)**

Sicher durch das Abitur!

Klare Fakten, systematische Methoden, prägnante Beispiele sowie Übungsaufgaben auf Abiturniveau mit erklärenden Lösungen zur Selbstkontrolle.

Mathematik

Analysis – LK	Best.-Nr. 94002
Analysis – gk	Best.-Nr. 94001
Analytische Geometrie und lineare Algebra 1	Best.-Nr. 94005
Analytische Geometrie und lineare Algebra 2	Best.-Nr. 54008
Stochastik – LK	Best.-Nr. 94003
Stochastik – gk	Best.-Nr. 94007
Kompakt-Wissen Abitur Analysis	Best.-Nr. 900151
Kompakt-Wissen Abitur Wahrscheinlichkeitsrechnung und Statistik	Best.-Nr. 900351
Kompakt-Wissen Abitur Analytische Geometrie	Best.-Nr. 900251
Kompakt-Wissen Algebra	Best.-Nr. 90016
Kompakt-Wissen Geometrie	Best.-Nr. 90026

Physik

Elektrisches und magnetisches Feld – LK	Best.-Nr. 94308
Elektromagnetische Schwingungen und Wellen – LK	Best.-Nr. 94309
Atom- und Quantenphysik – LK	Best.-Nr. 943010
Kernphysik – LK	Best.-Nr. 94305
Physik 1 – gk	Best.-Nr. 94321
Physik 2 – gk	Best.-Nr. 94322
Kompakt-Wissen Abitur Physik 3 Quanten, Kerne und Atome	Best.-Nr. 943011

Geschichte

Training Methoden Geschichte	Best.-Nr. 94789
Geschichte 1: Deutschland vom 19. Jahrhundert bis zum Ende des Zweiten Weltkrieges · USA · Sowjetunion	Best.-Nr. 84761A
Geschichte 2: Deutschland seit 1945 · Europäische Einigung · Weltpolitik der Gegenwart	Best.-Nr. 84762A
Abitur-Wissen Die Antike	Best.-Nr. 94783
Abitur-Wissen Das Mittelalter	Best.-Nr. 94788
Abitur-Wissen Die Französische Revolution	Best.-Nr. 947810
Abitur-Wissen Die Ära Bismarck	Best.-Nr. 94784
Abitur-Wissen Imperialismus und Erster Weltkrieg	Best.-Nr. 94785
Abitur-Wissen Die Weimarer Republik	Best.-Nr. 47815
Abitur-Wissen Nationalsozialismus und Zweiter Weltkrieg	Best.-Nr. 94786
Abitur Wissen Deutschland von 1945 bis zur Gegenwart	Best.-Nr. 947811
Kompakt-Wissen Abitur Geschichte Oberstufe	Best.-Nr. 947601
Lexikon Geschichte	Best.-Nr. 94787

Wirtschaft/Recht

Abitur-Wissen Betriebswirtschaft	Best.-Nr. 94851
Abitur-Wissen Volkswirtschaft	Best.-Nr. 94881
Abitur-Wissen Rechtslehre	Best.-Nr. 94882
Kompakt-Wissen Abitur Volkswirtschaft	Best.-Nr. 948501

Chemie

Training Methoden Chemie	Best.-Nr. 947308
Chemie 1 – LK K 12	Best.-Nr. 94731
Chemie 2 – LK K 13	Best.-Nr. 94732
Chemie 1 – gk K 12	Best.-Nr. 94741
Chemie 2 – gk K 13	Best.-Nr. 94742
Rechnen in der Chemie	Best.-Nr. 84735
Abitur-Wissen Protonen und Elektronen	Best.-Nr. 947301
Abitur-Wissen Struktur der Materie und Kernchemie	Best.-Nr. 947303
Abitur-Wissen Stoffklassen organischer Verbindungen	Best.-Nr. 947304
Abitur-Wissen Biomoleküle	Best.-Nr. 947305
Abitur-Wissen Biokatalyse u. Stoffwechselwege	Best.-Nr. 947306
Kompakt-Wissen Abitur Kohlenwasserstoffe · Natur-, Kunst- und Farbstoffe	Best.-Nr. 947309

Biologie

Training Methoden Biologie	Best.-Nr. 94710
Biologie 1 – LK K 12 Genetik · Stoffwechsel · Ökologie	Best.-Nr. 94701
Biologie 2 – LK K 13 Verhaltensbiologie · Evolution	Best.-Nr. 94702
Biologie 1 – gk K 12	Best.-Nr. 94715
Biologie 2 – gk K 13	Best.-Nr. 94716
Chemie für Biologen	Best.-Nr. 54705
Abitur-Wissen Genetik	Best.-Nr. 94703
Abitur-Wissen Neurobiologie	Best.-Nr. 94705
Abitur-Wissen Verhaltensbiologie	Best.-Nr. 94706
Abitur-Wissen Evolution	Best.-Nr. 94707
Abitur-Wissen Ökologie	Best.-Nr. 94708
Abitur-Wissen Zell- und Entwicklungsbiologie	Best.-Nr. 94709
Lexikon Biologie	Best.-Nr. 94711

Erdkunde

Training Methoden Erdkunde	Best.-Nr. 94901
Abitur-Wissen Entwicklungsländer	Best.-Nr. 94902
Abitur-Wissen USA	Best.-Nr. 94903
Abitur-Wissen Europa	Best.-Nr. 94905
Abitur-Wissen Asiatisch-pazifischer Raum	Best.-Nr. 94906
Lexikon Erdkunde	Best.-Nr. 94904

Politik

Abitur-Wissen Internationale Beziehungen	Best.-Nr. 94802
Abitur-Wissen Demokratie	Best.-Nr. 94803
Abitur-Wissen Sozialpolitik	Best.-Nr. 94804
Abitur-Wissen Die Europäische Einigung	Best.-Nr. 94805
Abitur-Wissen Politische Theorie	Best.-Nr. 94806
Kompakt-Wissen Abitur Politik/Sozialkunde	Best.-Nr. 948001
Lexikon Politik/Sozialkunde	Best.-Nr. 94801

(Bitte blättern Sie um)